青少年太空探索科普丛书（第3辑）

群星族谱
星表的历史

余　恒　著

钦若昊天，历象日月星辰，敬授人时。

—— 出自《尚书·虞书·尧典》，早在人类文明之初，
就有人在持续地观测记录星空，揣摩宇宙运转的秘密。

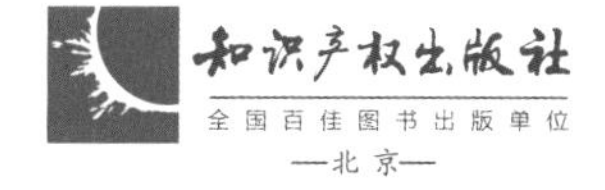

图书在版编目（CIP）数据

群星族谱：星表的历史/余恒著．—北京：知识产权出版社，2023.12

（青少年太空探索科普丛书．第3辑）

ISBN 978-7-5130-9007-0

Ⅰ．①群… Ⅱ．①余… Ⅲ．①天文星表－青少年读物 Ⅳ．①P114.4-49

中国国家版本馆CIP数据核字（2023）第238767号

内容简介

本书是国内第一本系统介绍天文星表的科普读物，围绕古今中外的天体星表展开，回顾了数千年的天文学科和观测技术发展史。

本书可供广大天文爱好者、科普工作者、教育工作者和大中小学生阅读。

项目总策划：徐家春

责任编辑：徐家春　曹婧文　　**执行编辑：**赵蔚然

版式设计：索晓青　张国仓　　**责任印制：**孙婷婷

青少年太空探索科普丛书（第3辑）

群星族谱——星表的历史

QUNXING ZUPU——XINGBIAO DE LISHI

余　恒　著

出版发行：知识产权出版社有限责任公司　　**网　址：**http://www.ipph.cn

电　话：010-82004826　　http://www.laichushu.com

社　址：北京市海淀区气象路50号院　　**邮　编：**100081

责编电话：010-82000860转8573　　**责编邮箱：**823236309@qq.com

发行电话：010-82000860转8101　　**发行传真：**010-82000893

印　刷：北京中献拓方科技发展有限公司　　**经　销：**新华书店、各大网上书店

开　本：787mm×1092mm　1/16　　**印　张：**11.5

版　次：2023年12月第1版　　**印　次：**2023年12月第1次印刷

字　数：172千字　　**定　价：**69.80元

ISBN 978-7-5130-9007-0

青少年太空探索科普丛书（第3辑）
编辑委员会

总　序

把科学精神写在祖国大地上

习近平总书记指出："科技创新、科学普及是实现创新发展的两翼，要把科学普及放在与科技创新同等重要的位置。没有全民科学素质普遍提高，就难以建立起宏大的高素质创新大军，难以实现科技成果快速转化。"党的十八大以来，党中央高度重视科技创新、科学普及和科学素质建设，全面谋划科技创新工作，有力推动科普工作长足发展，科普工作的基础性、全局性、战略性地位更加凸显，全民科学素质建设的保障功能更加彰显。

新时代新征程，科普工作要把培育科学精神贯穿培根铸魂、启智增慧全过程，使创新智慧充分释放、创新力量充分涌流，为推动我国加快建设科技强国、实现高水平科技自立自强提供强大的智力支持。

要讲好科学故事

党的十八大以来，党中央坚持把创新作为引领发展的第一动力，我国的科技事业实现历史性变革、取得历史性成就。中国空间站转入应用与发展阶段，"嫦娥"探月，"天问"探火，"羲和"逐日……这些工程在国内外产生了巨大影响。现在，我国经济总量上升到全球第二位，科学技术、文化艺术位居世界前列，正在向第二个百年奋斗目标奋勇前进。

在全面蓬勃发展的大好形势下，加强对青少年的科学知识普及，更好地激发他们热爱祖国、热爱科学、为国家科技腾飞而努力学习的远大理想，是当前的重要任务。科普工作者要紧紧围绕国家大局，用事实说话，用数据说话，讲清楚科技领域的中国方案、中国智慧，为服务经济社会发展、加快科技强国建设提供强大力量。要讲明白我国科技发展的过去、现在和未来。任何科技成就的取得都不是一蹴而就的，中华文明绵延数千年，积累了丰富的科技成果，这是我们宝贵的文化遗产。今天的我们要讲清楚中华文明的“根”与“源”，讲明白“古”与“今”技术进步的一脉相承，讲透彻中国人攀登科学高峰时不屈不挠、团结奉献的品格。

要弘扬科学精神

在中国共产党领导下，我国几代科技工作者通过接续奋斗铸就了“两弹一星”精神、西迁精神、载人航天精神、科学家精神、探月精神、新时代北斗精神等，这些精神共同塑造了中国特色创新生态，成为支撑基础研究发展的不竭动力，助力中华民族实现从站起来到富起来，再到强起来的伟大飞跃。

科学成就的取得需要科学精神的支撑。弘扬科学精神，就是要用科学精神

总 序

感召和鼓舞广大青少年，引导青少年牢固树立为国家科技进步而奋斗的学习观，自觉将个人成长融入祖国和社会的需要之中，在经风雨中壮筋骨，在见世面中长才干，逐渐成长为可以担当民族复兴重任的时代新人。

要培育科学梦想

好奇心是人的天性，是提升创造力的催化剂。只有呵护孩子的好奇心，激发孩子的求知欲望，为孩子播下热爱科学、探索未知的种子，才能引导他们勇于创新、茁壮成长，在未来将梦想变成现实。

科普工作要主动聚焦服务“双减”背景下的中小学素质教育，鼓励青少年主动学习科学知识、积极探究科学奥秘。要遵循青少年身心发展规律和对知识的接受规律，帮助青少年开阔视野，增长知识。更重要的是，要注重传授正确的学习方法，帮助孩子树立正确的科学思维，让孩子在快乐体验中学以致用，获得提高。

我们欣喜地看到，知识产权出版社在科普出版中做了有益尝试，取得了丰硕成果。在出版科普图书的同时，策划、组织、开展了一系列的公益科普讲座、科普赠书等活动，得到广大青少年、老师家长、业内专家、主流媒体的认可。知识产权出版社策划的青少年太空探索系列科普图书，从不同角度为青少年介绍太空知识，内容生动，深入浅出，受到了读者欢迎。

即将出版的“青少年太空探索科普丛书（第 3 辑）”，在策划、出版过程中呈现出诸多亮点。丛书紧密聚焦我国航天领域的尖端科技，极大提升了中华儿女的民族自豪感；在讲解知识的同时，丛书也非常注重对载人航天精神和科学家精神的弘扬，努力营造学科学、爱科学、用科学的社会氛围；丛书在深入挖掘中华优秀传统文化方面做了有益尝试，用新时代的语言和方式，讲清楚中国人的宇宙观，讲好中国人的飞天梦、航天梦、强国梦，推进中华优秀传统文化创造性转化、创新性发展；同时，丛书充分发挥普及科学知识、传播科学思想、倡导科学方法、弘扬科学精神的作用，努力提升青少年读者的科学素养和全社会的科学文化水平。

“航天梦是强国梦的重要组成部分”。当前，我国航天事业发展日新月异，正向着建设航天强国的伟大梦想迈进。“青少年太空探索科普丛书（第 3 辑）”体现了出版人在加强航天科普教育、普及航天知识、传播航天文化过程中的使命与担当，相信这套丛书必将以其知识性、专业性、趣味性、创新性得到广大读者的喜爱，必将对激发全民尤其是青少年读者崇尚科学、探索未知、敢于创新的热情产生深远影响。

2023 年 10 月 31 日

出版说明

党的二十大报告指出："全面建设社会主义现代化国家，必须坚持中国特色社会主义文化发展道路，增强文化自信，围绕举旗帜、聚民心、育新人、兴文化、展形象建设社会主义文化强国。"出版工作的本质是文明传播和文化传承，在服务国家经济社会发展，助力文化自信，构建中华民族现代文明进程中肩负基础性作用，使命光荣，责任重大。

知识产权出版社始终坚持社会效益优先，立足精品化出版方向，经过四十多年发展，现已形成多学科、多领域共同发展的格局。在科普出版方面，锻造了一支有情怀、有创造力、有职业精神的年轻出版队伍，在选题策划开发、图书出版、服务社会科普能力建设等方面做出了突出成绩，取得了较好的社会效益。以"青少年太空探索科普丛书"为例，我们在"十二五""十三五""十四五"期间，分别策划了第 1 辑、第 2 辑和第 3 辑，每辑均为 10 个分册，共计 30 册，充分展现了不同阶段我国航天事业的辉煌成就，陪伴孩子们健康成长。

"青少年太空探索科普丛书（第 3 辑）"是我社自主策划选题的一次成功实践。在项目策划之初，我们就明确了定位和要求，要将这套丛书做成展现国家航天成就的"欢乐颂"、编织宇宙奇幻世界的"梦工厂"、陪伴读者快乐成长的"嘉年华"，策划编辑团队要在出版过程中赋予图书家国情怀、科学精神、艺术底色，展现中国特色、世界眼光、青年品格。

本书项目组既是特色策划型，又是编校专家型，同时也是编印宣综合型。在选题、内容、形式等方面体现创新，深入参与书稿创作，一体推动整个项目的质量管理、进度管理、创新管理、法务管理等。

项目体量大、要求高，各项工作细致繁复，在策划、申报、出版各环节，遇到诸多挑战。但所有的困难都成为锻炼我们能力的契机。我们时刻牢记国家出版基金赋予的光荣与梦想，心怀对读者的敬意，以“能力之下，竭尽所能”的忘我精神，以“天下难事，必作于易；天下大事，必作于细”的工匠精神，逐一落实，稳步推进，心中的那道光始终指引我们，排除万难，高歌前行。

感谢国家出版基金对本套丛书的资助，感谢中国科学技术馆、哈尔滨工业大学、北京师范大学、深圳市天文台、北京天文馆、郭守敬纪念馆、北京一片星空天文科普促进中心等单位对本套丛书的大力支持，感谢国家天文科学数据中心许允飞等对本套丛书提供的无私帮助，感谢张凤霞老师、王广兴等对本套丛书给予的帮助。

希望这套精心策划的丛书能够得到读者的喜爱，我们也将始终不忘初心，继续为担当社会责任、助力文化自信而埋头奋进。

知识产权出版社党委书记、董事长、总编辑　刘　超

2023 年 12 月 4 日

前言

这本书要从 2006 年说起，那时我刚从物理系毕业考上天文学的研究生，开始接触天文数据。当时正值博客建站风潮，我于是也在一个叫作“宇宙驿站”的网络空间上搭建了自己的个人网站，不时把日常的学习经验和心得整理出来放到网上分享。其中有几篇关于星表的文章，对平时学习中遇到的相关星表做了简单梳理和介绍。由于这类内容在中文互联网上比较少见，得到了一些朋友的鼓励。2008 年，时任《天文爱好者》杂志主编的李鉴学长找到我，希望我能将这几篇小小的网文扩充成一个系列在杂志上连载，迎接即将到来的 2009 国际天文年。他还为这个系列起了一个动听的名字叫“群星的族谱”。我很喜欢这个想法，于是欣然从命。

星表其实就是记录天体信息的数据表。为了撰写这系列文章，我查询了许多文献和资料，也逐渐认识到星表的历史和天文学的发展历程以及技术的进步紧密地联系在一起。这样的广度是我始料未及的。不过既然已经许诺了，也只好硬着头皮一点点梳理出来。这个系列的连载从 2009 年 3 月一直持续到 2010 年 1 月，一共出了 10 篇（2016 年，我又补充了一篇关于射电星表的文章）。由于杂志篇幅的限制，每篇的篇幅控制在 3 000 字左右，有些枝蔓的内容不得不割舍。虽然留下了诸多遗憾和不足，不过对于当时的我来说，确实已经尽了全力。这项工作也就此告一段落。十多年后，我仍在天文界工作，虽然对许多问题都有了更清晰的认识，但一直没有合适的机会重新审视这些内容。

直到 2022 年，在知识产权出版社徐家春编辑的支持下，终于有机会能够将这些故事进行一次系统的整理，让它们以更加流畅完整的形式呈现在读者面前。和那些编撰星表的浩繁工作相比，本书不过是一个小小的注解和索引。希望它能够帮助读者了解众多学者投身于这些抽象数字背后的缘由，并以此向所有在漫长岁月里记录星空、整理数据的工作者致敬。

余 恒

2023 年 11 月 26 日

目 录

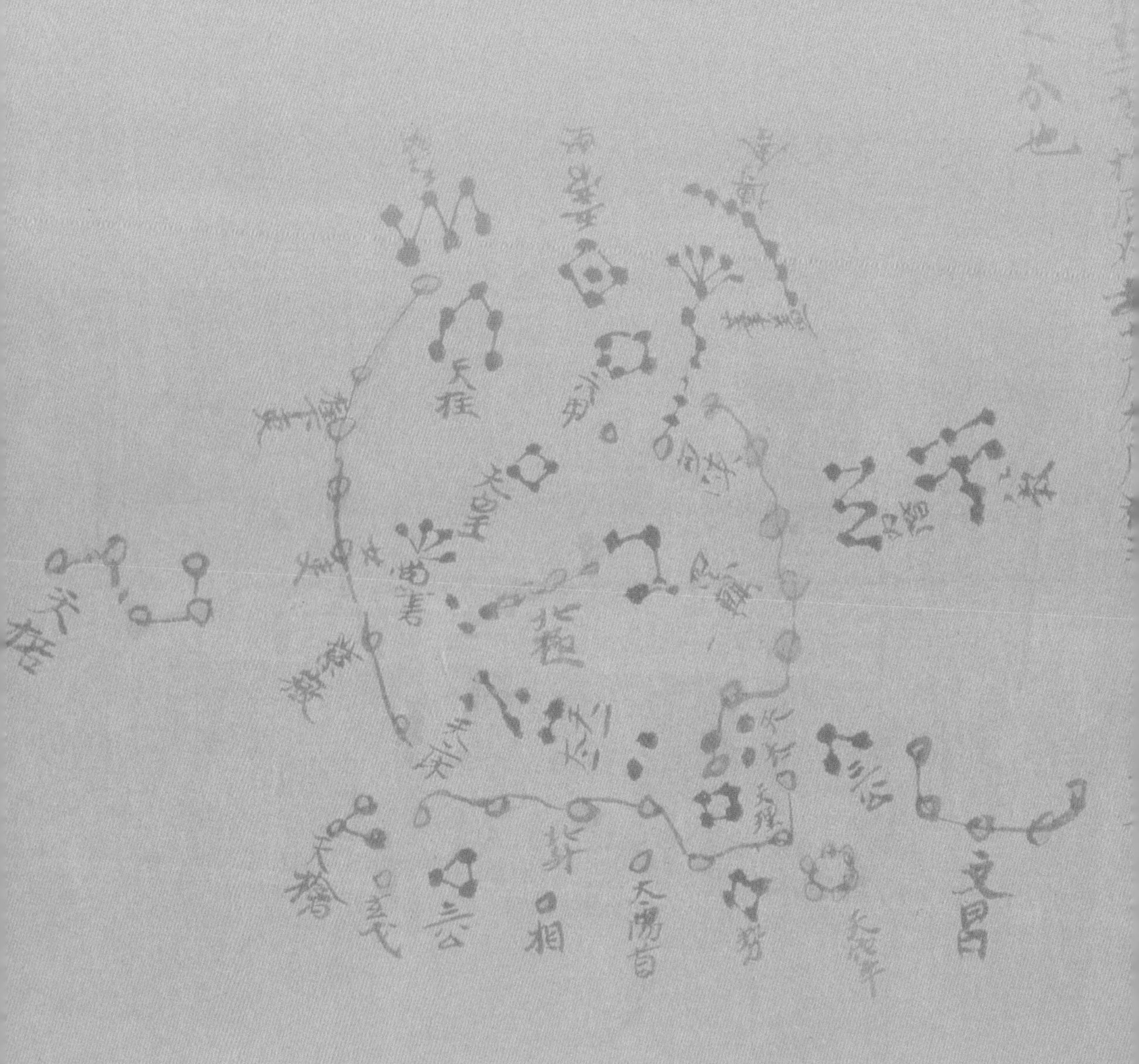

■唐代敦煌星图（局部）

第一章

古代记录

日升月落、斗转星移，人类对天空乃至宇宙的了解正是从关注这些遥远的光亮开始的。早在文字出现以前，人们还在用线条描绘生活场景的时候，就在岩壁上留下了对那些明亮光点的记录。许多史前文化的岩画中包含太阳、月亮，甚至类似星点的图案，如法国的拉斯科洞窟壁画、智利的拉西亚壁画、我国江苏连云港的将军崖岩画，等等。经过长期观察，人类的先祖逐渐认识到，天空中那些或明或暗的光点似乎有着确定的运行规律。日月星辰都是东升西落、周而复始。不过，有五颗亮星的位置会相对于其他较暗的星点缓缓移动，这五颗亮星便被称为“行星”，它们和日、月一起被合称“七曜”。这七颗星是古人观测天空的最主要目标，也是古代宇宙体系中的主要角色。其他所有位置相对固定的星星则被称为“恒星”，它们构成了日月五星运行的舞台背景。为了准确记录七曜在天空中的运行位置，古人自然地将恒星用作参照物。由于夜空中的星点实在太多，人们发明出辅助记忆星点相对位置的图案，这就是星座，如实记录这些星点位置的数据表便是本书的主题——星表。

拉斯科洞窟壁画

早在公元前 3 000 多年，诞生于中东地区两河流域的古巴比伦文明中就已出现了今天星座的原型，如天蝎座、人马座、摩羯座等。我们今天还能在他们当年立下的石碑上看到他们眼中的星空形象。不仅如此，他们在记录重大事件时也会将当时的天象（如月亮和亮星的位置）忠实地记录下来，考古学家们可以据此倒推出他们生活的年代信息。他们所使用的文字今天被称为楔形文字，是用削尖的芦苇秆或者木棍在新鲜的黏土泥板上书写的，写好之后泥板会被烘干保存。虽然整个过程有些麻烦，但经过烘烤的泥板质地十分坚硬，很容易保存。考古学家们在古代的“图书馆”遗址中找到了大量带有天象记录的泥板。其中

大英博物馆收藏的古巴比伦石碑

一块泥板上记录的不是月亮和行星的位置，而是 60 多颗亮星和星座的升起和落下的时间，可以说它是现代星表的雏形。根据推算，这块泥板记录的是公元前 1 000 年左右的天象，这使它成为目前已知的全世界最古老的星表。考古学家用泥板上的前几个单词将其命名为“犁星”（Mul - Apin）泥板。

“犁星”泥板

由于两河流域文明的衰落，这些记录也被深埋在历史遗迹之中，直到 18 世纪才重新引起世人的注意。

我国历史记录中最古老的星表可以追溯到战国时期。相传魏国石申（约公元前 4 世纪）著有《天文》八卷。同时期的齐国人甘德（约公元前 4 世纪）著有《天文星占》八卷。同时期还有托名商朝祭司巫咸的星占著作《巫咸占》。它们都对天空中的恒星进行了分区命名。不过这些作品在汉代都已散佚，只在

《史记》《汉书》等书中留下了只言片语的引用。三国时期吴国太史令陈卓（约330—420）曾收集当时流行的石申、甘德、巫咸三家星官，汇总为一个包含283个星官、1 464颗恒星的相对完整的全天星官系统。可惜陈卓的星表和著作后来也在战乱中失传。幸运的是，唐代太史监、印度裔学者瞿昙悉达在开元年间主持编纂的占星术书《开元占经》在明朝末年意外现世，其中大量节录了石申、甘德、巫咸三家星官的内容。此外，20世纪初在敦煌藏经洞经卷中也发现一张唐代星图，共绘制了257个星官、1 339颗恒星，而且绘制者按惯例用三种不同

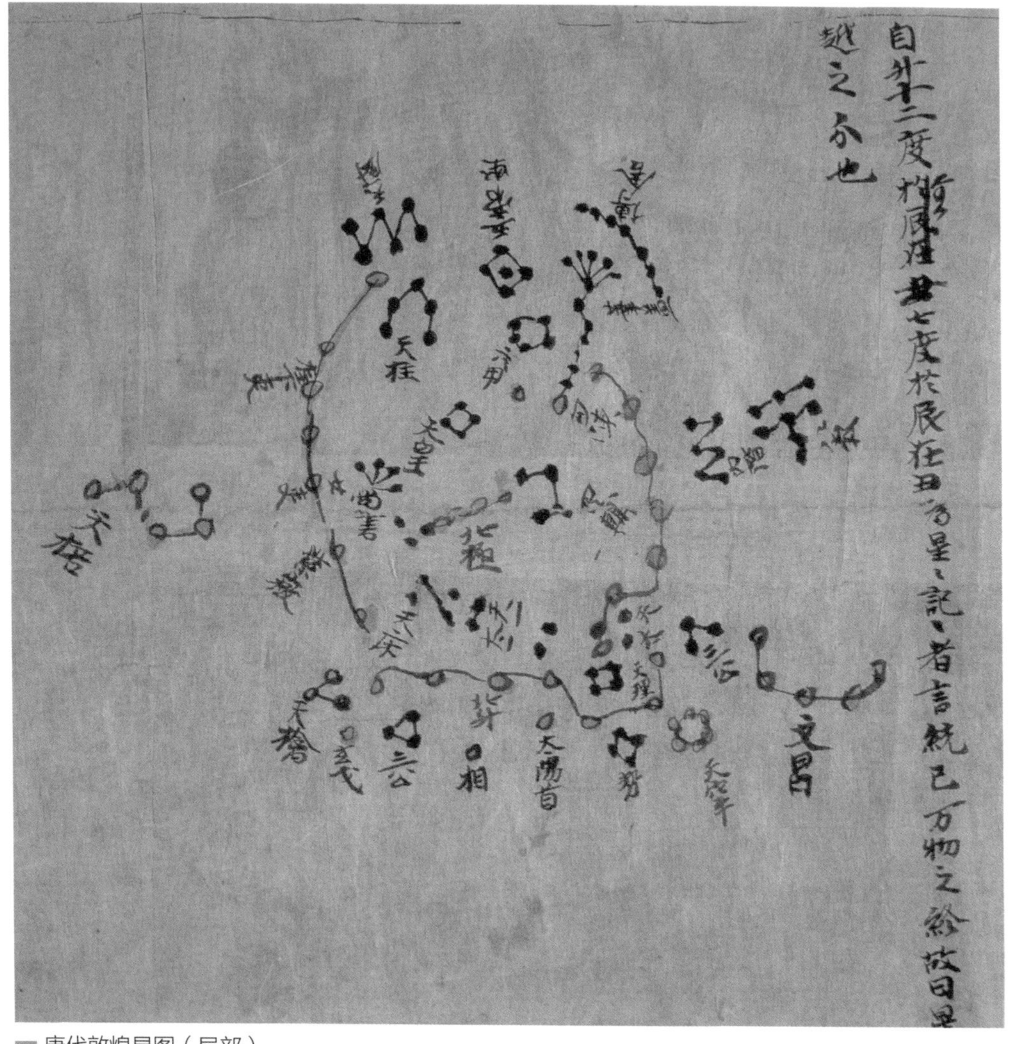

唐代敦煌星图（局部）

的颜色区分了石申、甘德、巫咸三家星官。这些珍贵的文献资料让我们得以窥见中国早期星表的面貌，为研究中国古代的恒星观测历史提供了重要的一手信息。我们今天看到的《甘石星经》虽然号称是甘德与石申的著作合集，但这个书名最早在宋代的记录中才出现，而内容可追溯到元代的文献，它很可能是后人的伪托之作，无法代表秦汉时期的天文学成就。

西方现存最早的星表是古希腊天文学家喜帕恰斯（Hipparchus，约公元前2世纪）编制的。他测量了超过800颗恒星的位置，并用数字1～6来表示这些恒星的亮度等级。星光越亮，对应的数字越小。这就是我们现在所用的星等。他将自己的观测结果与前人编制的星表相比较，发现地球自转轴的方向在缓慢变化（即岁差）。喜帕恰斯还是最早使用60进制和三角学的古希腊天文学家，他因此被认为是西方古代最伟大的观测天文学家。不过这些工作并非都是他原创的，因为他出生于今天的土耳其地区，很可能接触过两河流域悠久的天文观测传统和丰富的数据。但那些更古老的学说和记录都没能流传下来，后世的学者们便以他作为古代天文学的第一人。其实喜帕恰斯的绝大部分著作也没能流传下来，他的工作因为在另一位天文学家托勒玫（Claudius Ptolemaeus，约90—168，又译托勒密或多禄某）的著作中被引用才为世人所知。

托勒玫生活在埃及的亚历山大港。当时正值古罗马帝国的鼎盛时期，南欧、北非和中东都在罗马帝国的统治之下，贸易往来频繁，文化兴盛。托勒玫系统整理了前人的天文学理论和观测数据，完善了以地球为中心的宇宙体系，比较圆满地解释了当时观测到的日月和五星运动。他编著的《天文学大成》（*Almagest*，又译为《至大论》）一书总结了当时已知的所有天文学知识，并构建了以地球为中心的宇宙体系。这本书以及它所代表的“地心说”在接下来的一千多年里都是西方天文学的权威。这本书中包含了一个共有1 027颗恒星坐标的星表（V/61，这是该星表在法国斯特拉斯堡天文数据中心星表数据库中的编号），囊括了当时地中海区域肉眼能看到的所有明亮恒星。这是流传至今的最

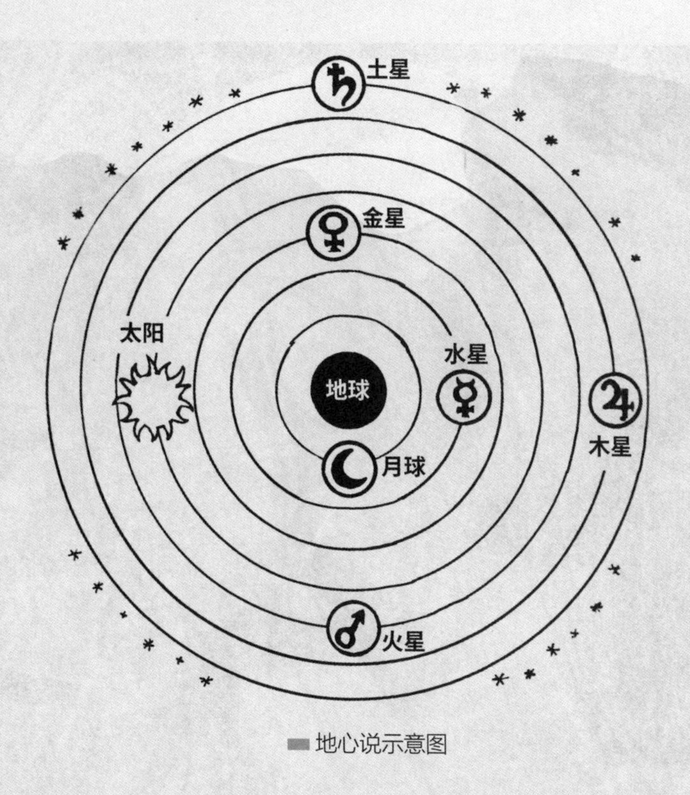

地心说示意图

古老的星表中的一个。虽然现代天文学家怀疑这些恒星信息并非托勒玫独立观测的，大部分数据可能是从喜帕恰斯的原始星表推算而来，但不管怎样，正是这份星表第一次系统提供了关于恒星的可靠历史记录，这些信息对于我们认识宇宙至关重要。

托勒玫著作中的星表不光有文字记录，甚至还有对应的实物。意大利那不勒斯国立美术馆收藏有一尊大理石雕塑，它表现的是希腊神话中的巨人阿特拉斯（Atlas）肩负天球的形象。因为曾被意大利著名的法尔内塞（Farnese）家族收藏而被称为“法尔内塞天球”。这尊雕像诞生于公元 2 世纪，是罗马人对一座更早期的希腊雕像的复制品，它如实保留了希腊作品的许多细节。最有价值的部分是天球上的星座形象，忠实记录了当时的人们对星座的理解。虽然天球上没有标出具体的恒星，但这些星座的位置相当准确，和《天文学大成》中的恒星数据基本吻合，从一个侧面佐证了当时的天文学水平。

法尔内塞天球

随着西罗马帝国在公元 5 世纪覆灭，它原有的海外领土逐渐被阿拉伯帝国占据。在公元 8 世纪，地跨欧亚非三个大陆的阿拉伯帝国开启了一场历时百年的浩大翻译运动。帝国疆域内的各种波斯语、希腊语、拉丁语，甚至梵文文献都被翻译成阿拉伯文。来自不同文明的文化科技在中东地区交融，促成了文化和科技新的飞跃。阿拉伯天文学家阿苏菲（Abd al-Rahman al-Sufi，903—986）就是其中的杰出代表。他不仅翻译了托勒玫的《天文学大成》，还对其中的内容进行了研究和发展。他在设拉子（Shiraz，现伊朗境内）建造了一座天文台以开展观测。公元 964 年，他将托勒玫的天文学知识与阿拉伯的观星传统结合在一起写出了《恒星之书》。在这本书中，他创造性地加入星座形象来直观地显示星座和恒星位置，对后世天文学产生了深远影响。在阿拉伯航海者的帮助下，这本书中包含了比托勒玫星表更多的恒星。阿苏菲甚至在书中记录了南天的大麦哲伦云，使得该书成为第一本提到大麦哲伦云的天文著作。

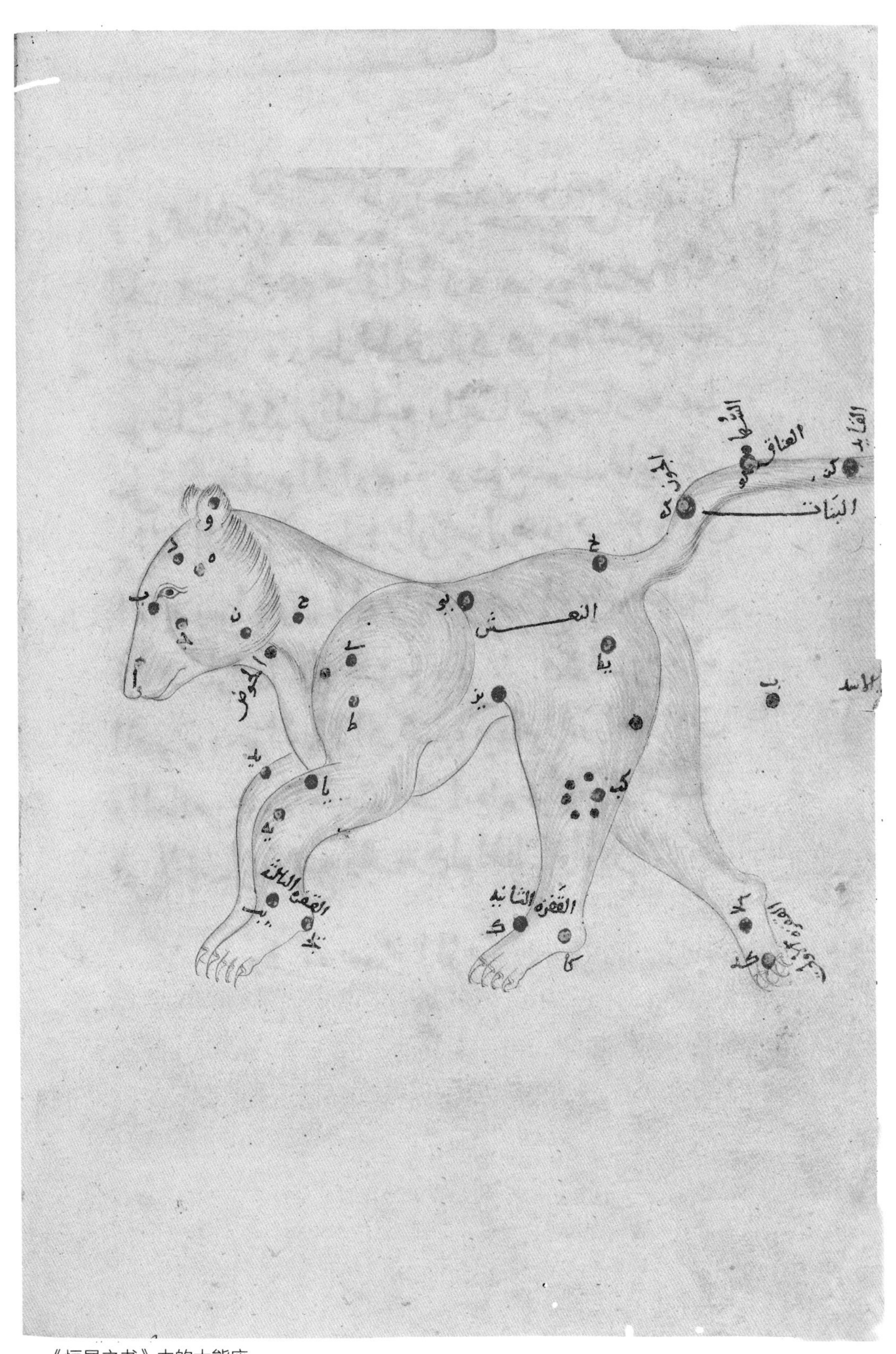

《恒星之书》中的大熊座

在托勒玫的继承者们看来，日月五星都在规规矩矩地围绕地球转动，恒星不过是点缀在遥远天球上的装饰物，夜空中除了不时出现的彗星外，再没有什么值得注意的未知现象了。欧洲和阿拉伯世界的天文学家们在中世纪[1]的主要工作其实是占星，他们根据日月五星在星空中的位置（即天宫图）为咨询者提供关于未来的意见和建议。为了方便推算任意时间日月五星的位置，天文学家们特意编制了日月五星的位置数据表。虽然这类数据表有时也被翻译为“星表”，但它们更恰当的中文名称应当是“星历表”或者“天文历书”。星表在英文中为catalog，意思是“（星的）目录”；而星历表对应的英文是tables，是天体在不同时期所在位置的表格。

西方最重要的早期星历表是1252年西班牙天文学家科恩（Jehuda ben Moses Cohen）和本锡德（Isaac ben Sid）题献给西班牙国王阿方索十世（Alfonso X，1221—1284）的《阿方索星历表》（*Alfonsine Tables*）。这本星历表积累了阿拉伯世界300多年的天文学知识，并以拉丁语的形式将其重新传入欧洲。虽然它是基于托勒玫的地心说理论进行推算的，但它的数据仍代表了当时的最高水准。即使在二百多年后，这本书仍是波兰天文学家哥白尼（Nicolaus Copernicus，1473—1543）重要的资料来源。1543年，哥白尼出版了《天体运行论》，用日心说来解释日月及行星的运动。这一变化最先影响的就是星历表的编算。1551年，普鲁士天文学家莱因霍尔德（Erasmus Reinhold，1511—1553）在普鲁士公爵阿尔伯特一世的资助下，根据哥白尼的新理论对《阿方索星历表》进行了更新，以《普鲁士星历表》（*Prutenic Tables*）为名出版。这份星历表因其数据准确而大受欢迎，直接推动了日心说的普及与传播。

我们对于行星的认识至此接近真相。星历表的编制也不再是天文学家们的

---

[1] 中世纪（The Middle Ages），指从公元5世纪后期到公元15世纪中期。欧洲历史一般划分为三个时期：古典时代、中世纪、近现代。中世纪始于公元476年西罗马帝国的灭亡，终于公元1453年东罗马帝国的灭亡，最终融入文艺复兴运动和大航海时代（地理大发现）中。

阿方索十世

挑战，他们的目光开始投向远在太阳系之外的广袤宇宙。其实 16 世纪的天文学家们对于遥远恒星的认识和几千年前的原始观念之间并没有太大差别。

庄子曾说过“朝菌不知晦朔，蟪蛄不知春秋”，意思是说，朝生暮死的菌类不会知道月相的变化，夏生秋亡的鸣蝉无法体会四季的变迁。我们人类的生命过于短暂，很难察觉具有亿万年寿命的星体的细微运动。所以一代代天文学家只能尽可能准确地把自己看到的夜空记录下来，以文明的长度去丈量星体的时间尺度，希望以此来理解我们生活的宇宙。从托勒玫的《天文学大成》算起，我们只有不到 2 000 年的星表资料，但是我们对宇宙的了解已经远远超出了古人最大胆的想象。下面就让我们一起回顾这段跌宕起伏的艰辛历程。

赫维留制作的折射式望远镜（焦距46米）

第二章

目视观测

托勒玫的地心说基本能够解释并预测日月和行星的运行，所以在它出现后上千年的岁月里，没有人对这个宇宙体系提出实质性的挑战。直到 16 世纪，欧洲国家先后开启了远洋航海活动，海上定位和导航的需求直接刺激了天文学的发展。1543 年，波兰天文学家哥白尼在去世前出版了《天体运行论》，提出以太阳为中心的日心说宇宙体系。不过，日心说理论要解释人们所看到的行星运动并不比地心说更容易。只有更高精度的观测数据才能帮助科学家们提出更好的理论。

哥白尼

1572 年 11 月，仙后座方向出现了一颗全新的明亮星体。当时我国正是明朝，穆宗朱载坖（jì）刚于

1572 年 7 月 5 日去世，年仅 9 岁的朱翊钧继位，年号万历，由张居正等大臣辅佐。天文官第一时间注意到新星出现的现象，在官修史书《明神宗实录》中留下这样的记载：

> 隆庆六年十月初三日丙辰（1572 年 11 月 8 日），客星见东北方，如弹丸，出阁道旁，壁宿度，渐微茫，有光。历十九日壬申夜（11 月 27 日），其星赤黄色，大如盏，光芒四出……按是星万历元年二月，光始渐微，至二年四月乃没。

这段文字客观记录了这颗星出现的时间、位置、亮度及变化。年幼的万历皇帝在宫中见到这颗星，心生畏惧。他在辅臣张居正等人的建议下，诏令文武百官修身自省，以消除灾祸，直到这颗星黯淡不见。通过现代研究，人们确定这颗星就是第谷超新星（SN 1572）。

在欧亚大陆的另一端，丹麦天文学家第谷·布拉赫（Tycho Brahe，1546—1601）也在 1572 年 11 月 11 日注意到这一现象，并在几个月后出版了他的第一本著作《论新星》。这本书让他声名鹊起，也坚定了他从事天文观测的决心。第谷在丹麦国王腓特烈二世（Frederik II of Denmark，1534—1588）的支持下，于 1576 年在汶岛（Island of Hven）建立了一个专业天文台“天堡”(Uraniborg)。为了精确测量天体的位置，他设计制造了体积庞大的天文设备，几乎达到了目视观测的极限。他在那里工作了 20 年，积累了宝贵的观测资料。但随着老国王的去世，他随即失宠，被迫离开了自己亲手创建的天文台。

第谷·布拉赫

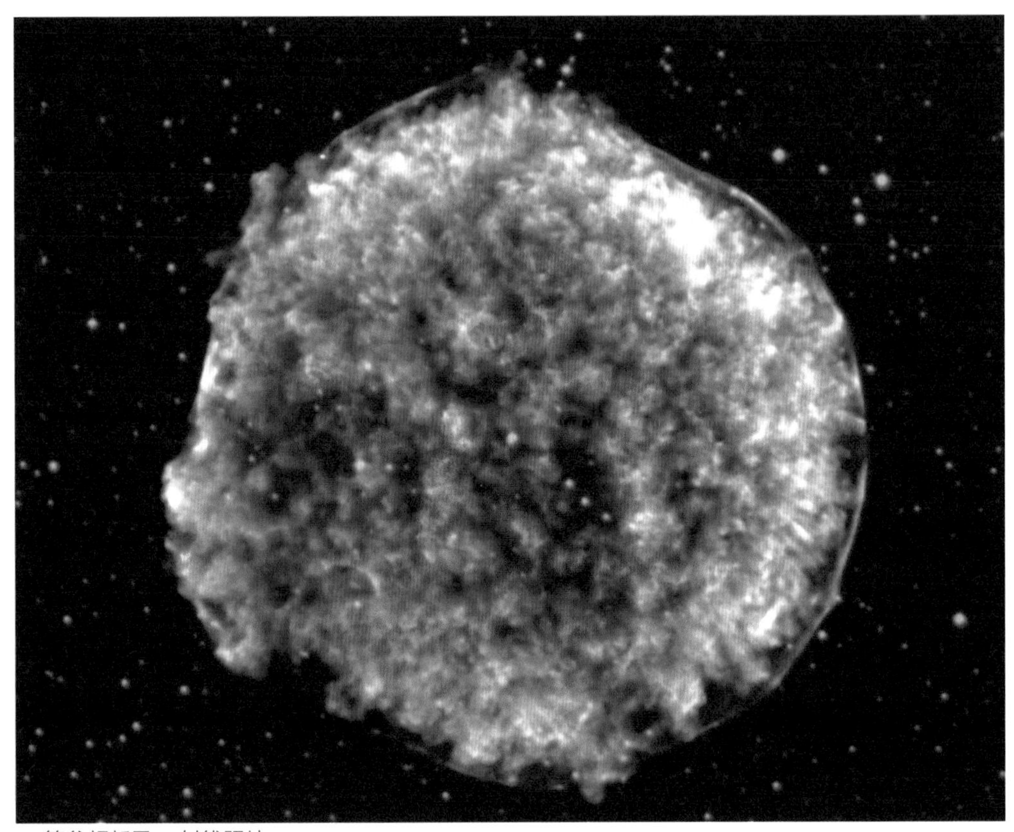

第谷超新星 X 射线照片

他在 1598 年编制了一份包含一千多颗恒星坐标和亮度数据的星表，以手抄本的形式在欧洲流传。他还出版了著作《新天文学仪器》，对他在汶岛所使用的天文仪器设备进行了详细的总结。他在这本书中插入了一个包含 777 颗星的简化版星表。在经历两年的失落之后，1599 年，第谷终于获得神圣罗马帝国皇帝鲁道夫二世（Rudolf II，1552—1612）的聘用，后者希望他能够编制一份以皇帝名字命名的星历表。但第谷在 1601 年突然因病去世，他的助手开普勒（Johannes Kepler，1571—1630）接过了他的职位和所有的观测资料，继续皇帝星历表的编制工作。

星历表的编制并不容易，需要进行大量的核对与计算，但开普勒似乎对此也不是特别着急。他先后出版了关于光学理论的《天文光学须知》(1604)，论述火星椭圆轨道的《新天文学》(1609)，关于伽利略新发明望远镜的《折射光

“天堡”示意图

第谷在用墙象限仪观测

学》(1611),研究雪花结构的《六角的雪花》(1611),完整论述行星三定律的天文学教科书《哥白尼天文学概要》(1618—1621),以及全面介绍他个人宇宙观的《宇宙和谐论》(1618)等许多著作。直到1627年,开普勒才终于完成包含1 004颗恒星的《鲁道夫星历表》(*Rudolphine Tables*, 编号J/A+A/516/A28)。而赞助此事的鲁道夫二世皇帝早已在1612年撒手人寰。所以我们也就不难理解,开普勒为何总是无法按时拿到他作为皇家天文顾问的薪水。不管怎么说,这是第一份用近代行星理论编制的星历表,在精确度上达到了前所未有的水准。如果非要说第谷和开普勒的观测有什么缺憾的话,那就是由于汶岛地处北纬56°,无法看到赤纬-34°以南的天空。事实上,所有欧洲的观测者都面临同样的问题,在他们的星图和星表中,南天极附近的天区始终是一片空白。

《鲁道夫星历表》在卷首的插图

不过,随着大航海时代的到来,欧洲的船只飞速驶向世界的各个角落,欧洲对南天灿烂的星空也越来越熟悉。在1595年,荷兰制图师普朗修斯(Petrus Plancius,1552—1622)委托荷兰第一

普朗修斯

次远征印尼行动的首席领航员凯泽（Pieter Dirkszoon Keyser，1540—1596）帮他测量南天恒星数据以便绘制全天星图。凯泽为此专门学习了天文观测技术，然而他在探险途中不幸死亡。他的助手豪特曼（Frederick de Houtman，1571—1627）最终完成了剩余的观测和计算，并将数据带回荷兰交给普朗修斯。这次远征的成功直接促成了荷兰东印度公司的成立。普朗修斯根据这些数据创立了 12 个新的南天星座，用于海上导航。他也因为制作的高质量地图和星图成为东印度公司的股东，获得了丰厚的利润。豪特曼则在 1602 年发表了自己的《南天星表》（编号 J/A+A/530/A93），包含 304 颗恒星的坐标和亮度信息。虽然这个星表是欧洲的第一份南天星表，但它并没有引起太多关注，因为星表是发表在他编写的《马来语和马达加斯加语词典》的附录中，而且观测方法也不够系统准确。直到半个多世纪之后，才有欧洲天文学家前往南天亲自测量南半球的星空。

1603 年，德国的天文学制图师拜尔（Johann Bayer，1572—1625）参考第谷的星表资料出版了著名的古典星图《测天图》（*Uranometria*）。这是一本按照科学投影算法和星表资料绘制的星图，它将星座形象和星点坐标相结合，实现了科学性和艺术性的高度统一。这本星图开启了西方古典星图的黄金时代。**在这本星图中，拜尔将星座中的恒星按亮度顺序使用希腊字母命名，这种命名方式因此被称为拜尔命名法。**普朗修斯等人设立的 12 个南天星座也因为被这份天图收录而获得广泛认可。

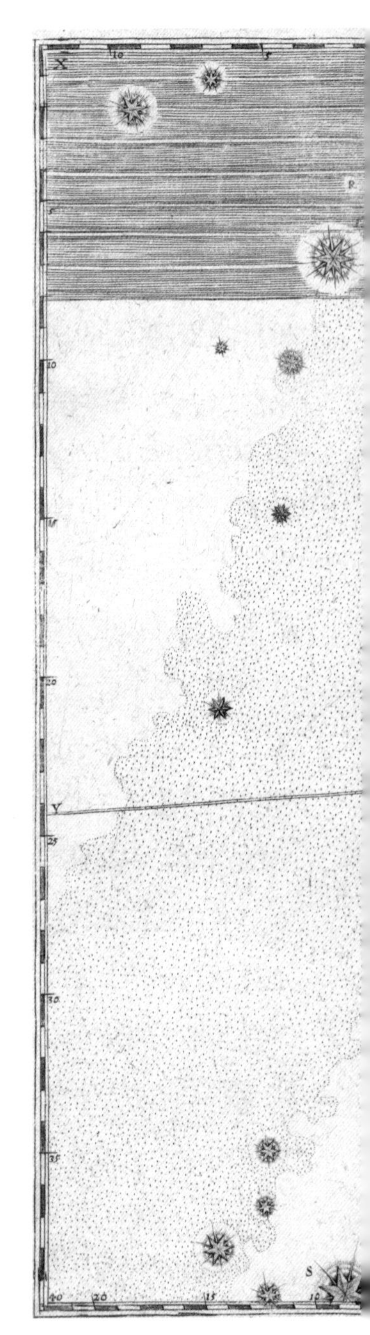

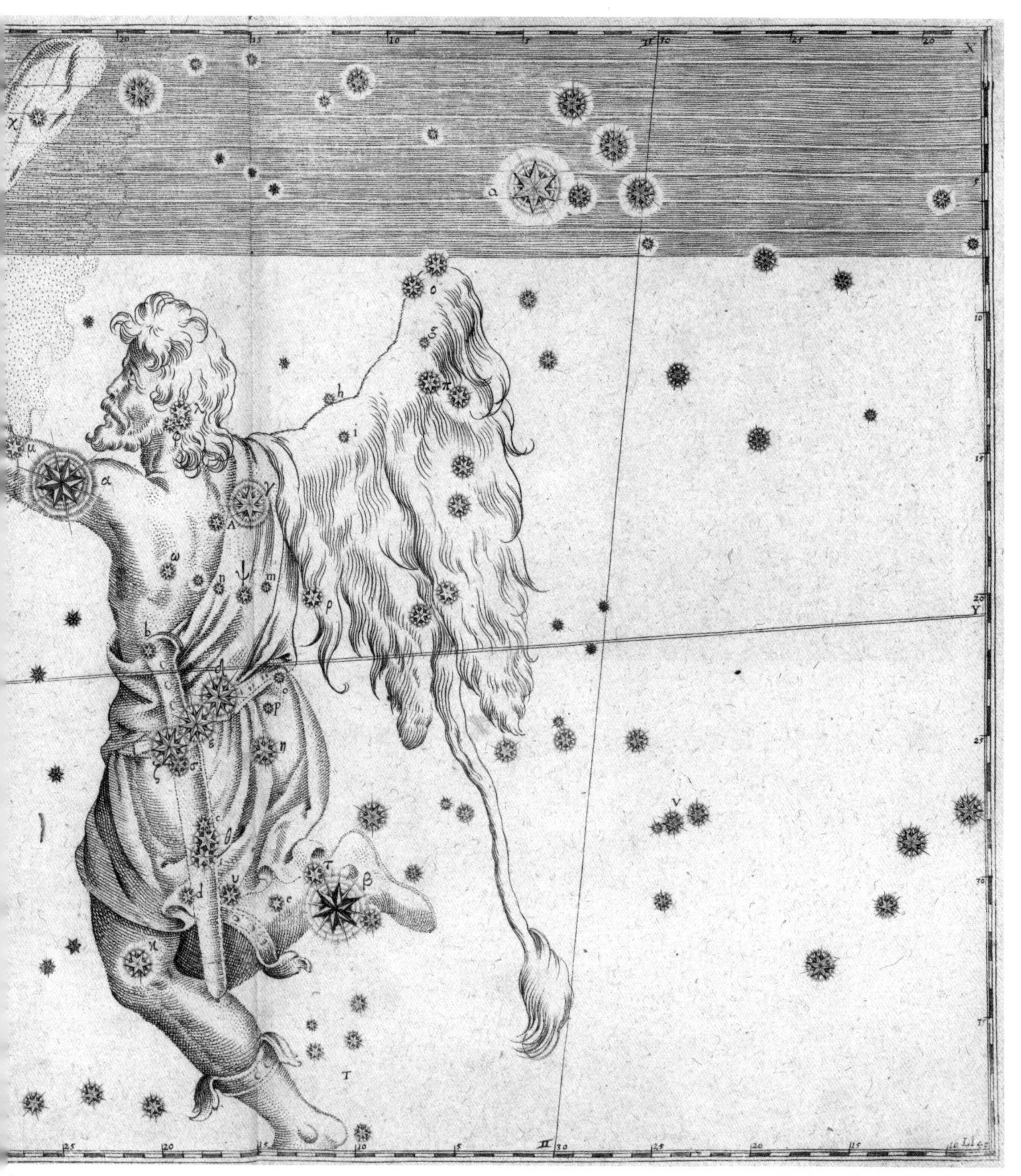

《测天图》中绘制的猎户座

弗拉姆斯蒂德

荷兰海上贸易的繁荣引起了海峡对面的英国人的嫉妒，他们从 17 世纪 50 年代开始争夺海上贸易霸权。政治和军事的较量需要科技的加持。1675 年，英国天文学家弗拉姆斯蒂德（John Flamsteed，1646—1719）被英国国王查理二世任命为首位皇家天文学家，负责制作一份精确的恒星数据，以便帮助远航的船只确定自身的地理位置。当时望远镜已经被发明出来，在陆地上观测恒星比第谷当年容易很多。弗拉姆斯蒂德为此创立了格林尼治天文台，他对北天的观测信心十足，但南天恒星的观测仍是个有待解决的问题。

正好弗拉姆斯蒂德此时在与一位牛津大学的本科生通信讨论天文问题。这位学生了解他的项目后，决定退学前往南半球观测星空，他就是哈雷（Edmond Halley，1656—1742）。1676 年， 年仅 20 岁的哈雷带着一架大型六分仪，乘坐东印度公司的航船到达英国在南大西洋上的殖民地——圣赫勒拿岛。这个岛位于南纬 15°，可以同时看到南天球和北天球的大部分恒星，因此能够用已有的恒星数据校准设备和校验新的观测数据。在历经一年多的辛苦观测之后，哈雷回到英国，在 1679 年发

哈 雷

格林尼治天文台的弗拉姆斯蒂德楼

表了第一份科学意义上的《南天星表》(*Catalogus Stellarum Australium*，编号 J/A+A/530/A93)，含有 341 颗南天恒星的数据。他也因此被誉为“南天第谷”。虽然牛津大学以违反住宿规定为由拒绝恢复他的学籍，但他在英国国王查理二世的关切下还是拿到了牛津大学的硕士学位，并进入英国皇家学会，从此成为知名天文学家。

望远镜自 1608 年被发明以来，其作用在天文学界已获得广泛认可。但由于工艺水平的限制，成像质量并不稳定，事实上直到 18 世纪，好的观测者（比如后面要提到的赫歇尔）都不得不亲自磨制镜片。波兰天文学家、但泽市市长赫维留（Johannes Hevelius，1611—1687）就始终不相信光学仪器。他在自己家楼顶打造了一个欧洲一流的天文台，还自行建造了一架当时最大的开普勒式望远镜（焦距达到 46 米），但坚持使用裸眼观测。他对月球表面的观测成果享誉欧洲。1657 年，他决定对第谷星表的数据进行系统更新。后来英国皇家学会会长胡克（Robert Hooke，1635—1703）还专门派刚从圣赫勒拿岛回来的哈雷去波兰劝说他改用望远镜观测，以保证观测结果的精度。赫维留让哈雷和自己进行了一场比赛，同时对天体进行测量，结果使用望远镜的哈雷并没有比使用象限仪和游标盘的赫维留做得更好。哈雷无功而返，赫维留则继续使用他的老办法开展观测。不过赫维留的天文台和许多藏书在 1679 年毁于一场大火，这对他的身心健康都造成了巨大冲击。虽然他重建了天文台，但没能在生前完成观测数据的整理工作。他的第二任妻子，同时也是他的观测助手伊丽莎白继承了他的遗志，终于在 1690 年出版了他的遗作《天文学绪论》(*Prodromus Astronomiae*)，其中包括 54 幅精美的铜版星图以及 1 564 颗恒星数据（编号 J/A+A/516/A29），它们的坐标精度甚至超过第谷的数据，堪称人类目力的极限。无论如何，望远镜的普及已是不可逆转的趋势。赫维留成为世界上最后一个不借助望远镜作出重要贡献的天文学家，他的《天文学绪论》也成为世界上最后一部以肉眼观测完成的星表。

赫维留夫妇和他们的六分仪

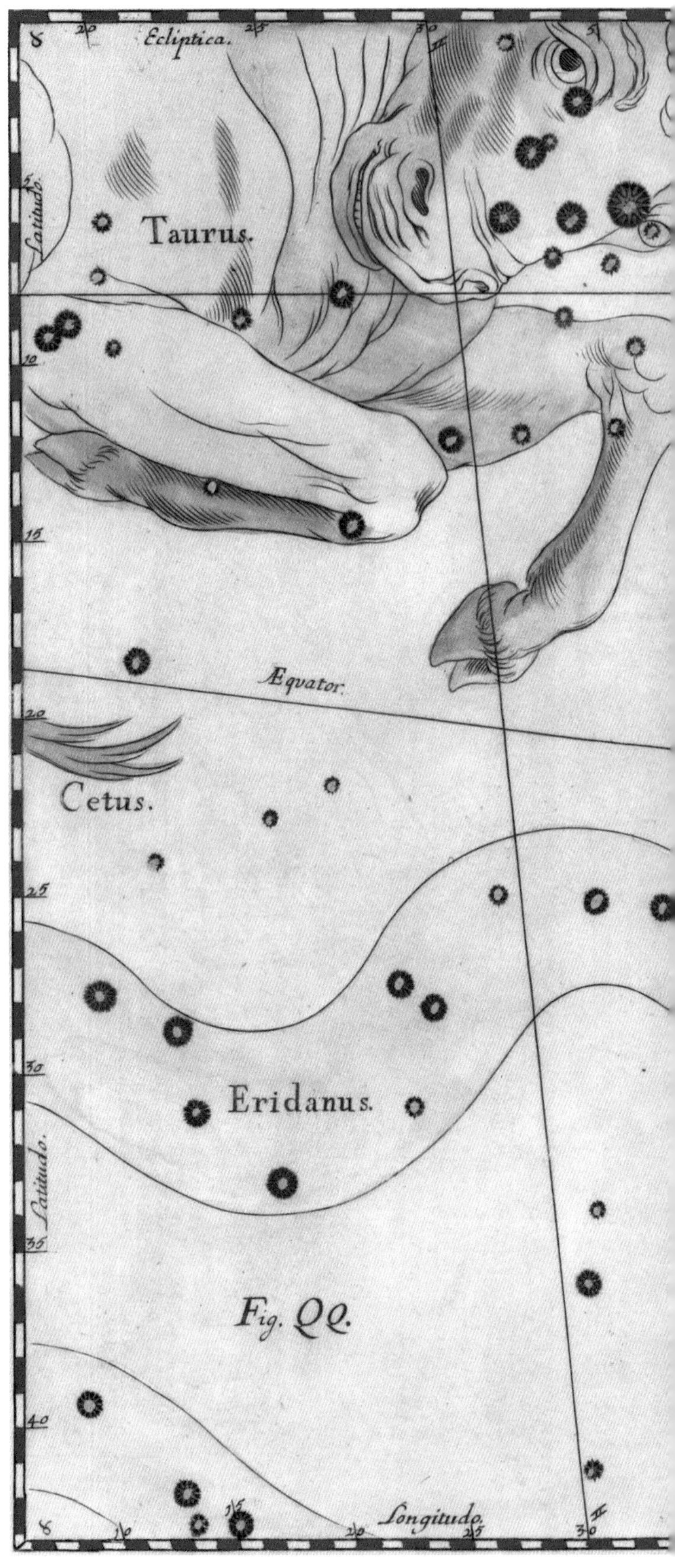
Ecliptica.
Taurus.
Latitudo.
Æquator.
Cetus.
Eridanus.
Fig. QQ.
Latitudo.
Longitudo.

赫维留星图中的猎户座

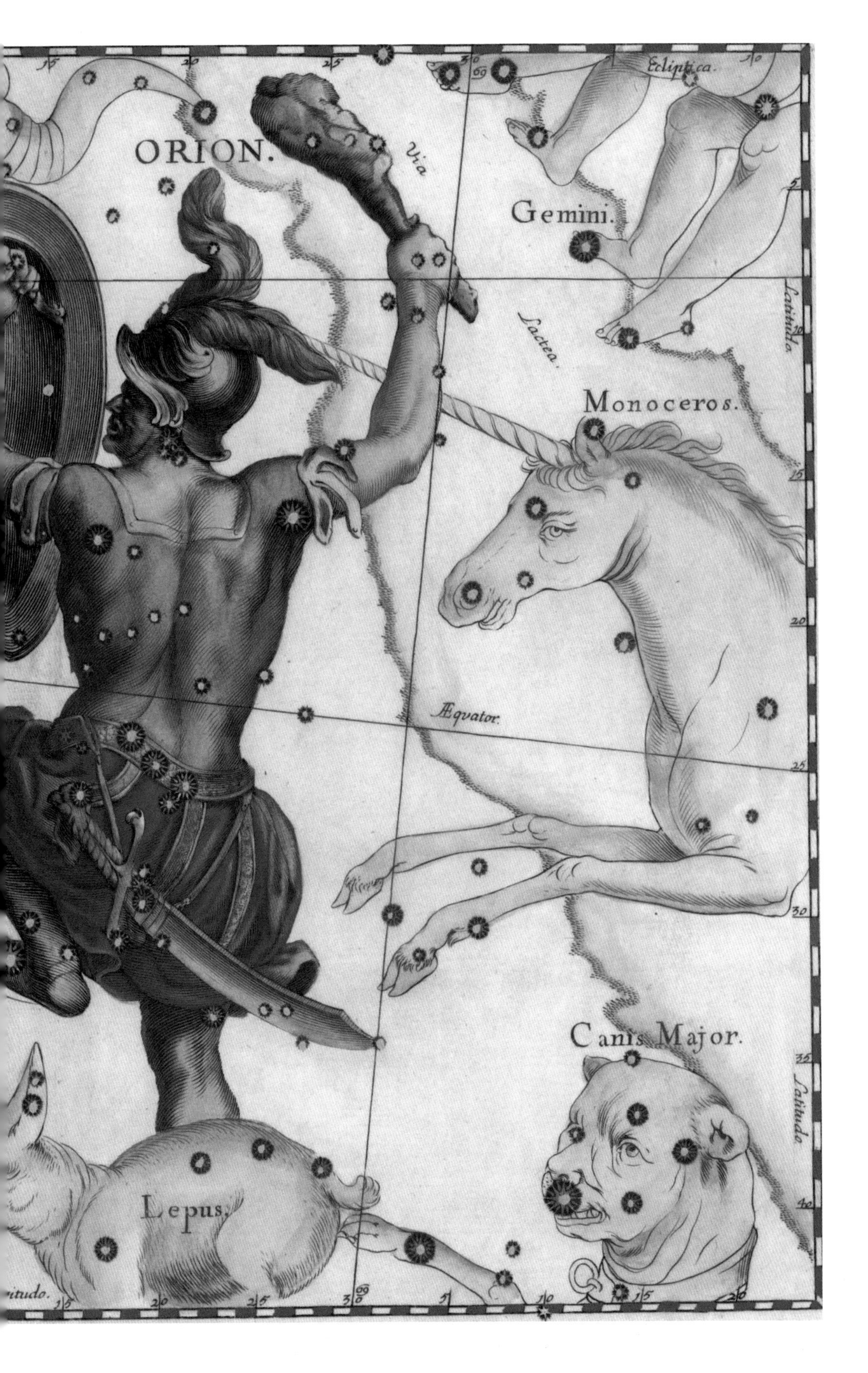
ORION.
Gemini.
Monoceros.
Canis Major.
Lepus.
Via
Lactea.
Ecliptica.
Æquator.
Latitudo

G
H
G
C
F
E
I
I
I

第三章

望远镜出现

接下来是望远镜的时代。让我们重新回到1675年，弗拉姆斯蒂德被英国国王查理二世任命为首位皇家天文学家，负责创建格林尼治天文台。英国皇家天文学家兼任格林尼治天文台台长的传统就是从此延续下来的。但当时国王给他的经费很少，导致入不敷出，他甚至要在附近的乡村兼职教书来补贴设备费用和助手工资。他借助望远镜开展的观测大大提高了恒星的测量精度，但因为觉得数据不够理想，迟迟不肯发表。牛顿撰写《自然哲学的数学原理》时，曾多次使用他的观测数据，他也乐于相助，但在牛顿著作出版之后他发现自己的贡献丝毫未被提及，便拒绝再提供任何帮助。

不过弗拉姆斯蒂德的助手哈雷觉得这些数据应当尽早公之于世，以满足科学研究和海上导航的需要。1712年，哈雷私自将弗拉姆斯蒂德尚未定稿的观测数据拿出来，以《不列颠天文志》（*Historia Coelestis Britannica*）为名印刷了400份悄悄发行。弗拉姆斯蒂德闻讯勃然大怒，设法从市面上买回来300本，付之一炬，但数据还是不可避免地流传开来。

正是这份未经作者授权的星表**首次采用数字为星座中的恒星编号，代替了之前用希腊字母编号的拜尔命名法，这个编号规则被后世称**

为“弗拉姆斯蒂德命名法”。但其实弗拉姆斯蒂德本人对此并不知情。弗拉姆斯蒂德直到 1719 年去世也没有发表自己的观测结果。不过耗费他一生心血的研究成果最终在 1725 年由他的妻子编辑出版成书，名为《不列颠恒星表》（*Stellarum Inerrantium Catalogus Britannicus*，编号 J/A+A/567/A26）。这份星表以前所未有的精度记录了 2 935 颗恒星的资料，大大扩充了第谷和赫维留的肉眼观测记录，只是并没有使用以他名字命名的“弗拉姆斯蒂德命名法”。

弗拉姆斯蒂德的星表作为第一个基于望远镜数据编写的星表，不仅在欧洲产生了广泛的影响，甚至很快就传播到亚欧大陆的另一端。清朝乾隆九年（1744 年），钦天监发现所用观测资料中的数据过于陈旧，与实际观测不符。时任钦天监监正的德国传教士戴进贤（Ignaz Kögler，1680—1746）奏请乾隆皇帝重新测算星表。在主持编纂《仪象考成》的过程中，他在弗拉姆斯蒂德星表的基础上进行了测算，也利用观象台的仪器进行核对。《仪象考成》最终在 1752 年完成，收录恒星 3 083 颗，其中 1 319 颗有中国传统星官名称，其余恒星则被称为“增星”。《仪象考成》将中国传统星象与西方现代天文观测成果结合在一起，成为中西星名对照的重要依据。

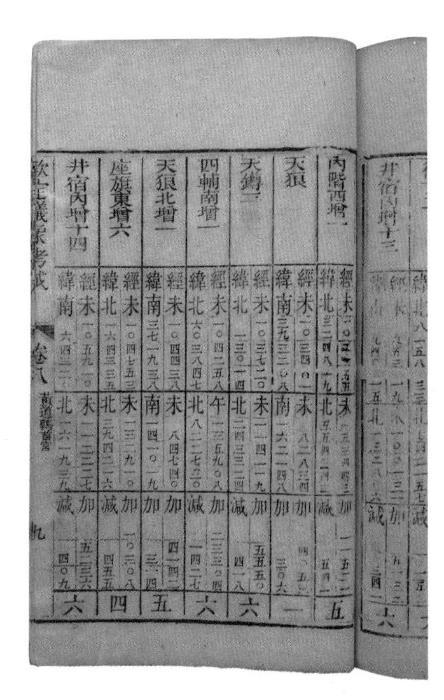

《仪象考成》书影

在望远镜发明后，天文学家们看到了大量前所未知的暗弱恒星。将所有这些恒星登记造册相当耗时费力，而且它们由于亮度过暗也无法用于海上导航。那天文学家们为什么还要从事这项艰辛的工作呢？ 1718 年，哈雷发现牧夫座 α 星（大角星）、大犬座 α 星 A（天狼星）的位置和托勒玫星表中的记载相差很远。

这几颗星非常明亮，古代天文学家们对它们的位置测量不会有这么大的误差且在上千年里无人纠正。唯一的解释是恒星的位置并不是恒定不变的。这个发现意义重大，如果恒星在运动，那它们的距离和亮度都可能有潜在的变化。于是天文学家们开始对恒星进行长期的监测。

1728 年，英国天文学家布拉德雷（James Bradley，1693—1762）和朋友合作试图用三角视差法测量天龙座 γ 星的距离。这个方法是利用地球轨道作为基线，以半年为周期监测恒星在天空上的位置变化。但不幸的是，他们选取的这颗恒星过于遥远，以当时的技术无法得到结果。不过布拉德雷在分析数据的过程中，意外地发现了**“光行差”。这是观测者在地面测量的天体方位和天体真实方位之间的微小差值。具体的差值大小取决于地球自转造成的观测者自身运动与星光速度的比值和夹角。**布拉德雷根据这个现象准确测量了光速，从而声名鹊起。他在 1742 年接替哈雷荣膺英国皇家天文学家和格林尼治天文台台长。由于当年哈雷与弗拉姆斯蒂德积怨过深，后者的妻子在哈雷上任前变卖了所有的观测仪器。而哈雷就任时年事已高，也无力照看。于是当布拉德雷接手时，天文台的仪器几乎无法使用。他一方面着手修补原有的设备尽快恢复观测，另一方面依靠自己的声望筹集经费定做新的仪器。几年之后，格林尼治天文台的设备焕然一新。布拉德雷以极高的热情投入观测，于 1742 年 7 月 25 日写下了第一条

布拉德雷

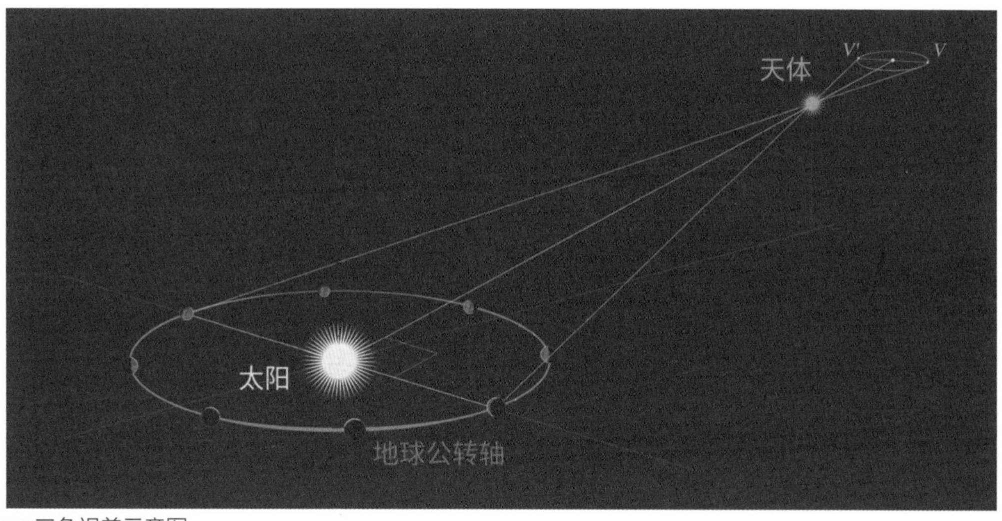

三角视差示意图

观测记录。他在任期间一直坚持对星空进行细致的监测，直到 1759 年因为健康原因退休。如果说当年测量天龙座 γ 星失败是运气不好的话，其后他对弗拉姆斯蒂德星表中恒星的监测则全凭勤勉，只要这个星表中存在距离人类足够近的恒星，就应该能通过长时间的观测来发现。但布拉德雷来不及完成最终的计算，只留下 6 万多条高精度的观测记录，就在 1762 年溘然长逝了。这份宝贵的观测记录并没有得到妥善的处置，而是作为遗产在他的后代中辗转流传，直到 30 多年后，这份观测记录才被分成两卷以《皇家格林尼治天文台天文记录》（*Astronomical Observations*, *Made at the Royal Observatory at Greenwich*）的名义在 1798 年和 1805 年先后出版。这份观测记录因为其可靠的精度而成为近代星表的开端。

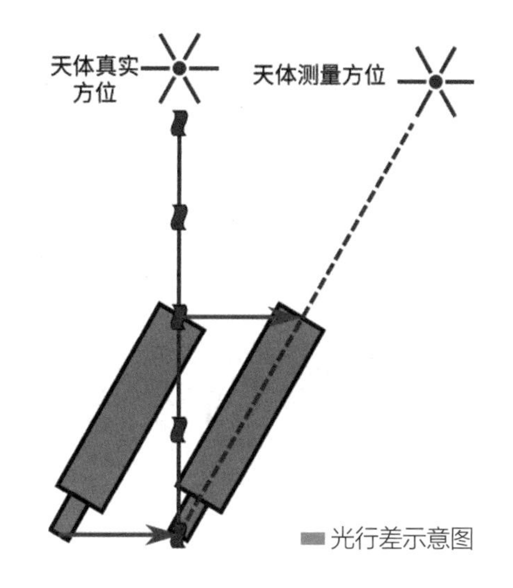

光行差示意图

虽然布拉德雷在恒星观测领域倾注了毕生精力，但在18世纪，恒星并不是天文界最热门的目标。当行星运行的规律被开普勒揭开，再由牛顿上升为物理学定律之后，彗星成了星空中最后的谜题。普通人为它的怪异形态所震慑，天文学家们则为它的起源和距离争论不休。不过被人们记录的彗星太少了，发现一颗新的彗星，是将发现者姓名“写在”天上的最便捷的途径。1705年，哈雷出版了一本名为《彗星天文学论说》（*A Synopsis of the Astronomy of Comets*）的小册子，他系统整理了历史中较为可靠的彗星观测记录，并根据牛顿的理论估算了24颗彗星的轨道，这是世界上第一个彗星星表。在这本书中他认为德国天文学家阿皮亚努斯（Petrus Apianus，1495—1552）在1531年看到的彗星，开普勒在1607年看到的彗星，以及自己在1682年亲自观测的彗星是同一颗，并预言这颗彗星将在1758年回归。不过哈雷并没能等到这次彗星回归，他在1742年去世。这颗彗星最终于1759年回归，人类最终由此确认彗星的本质是和行星一样围绕太阳转动的天体，这一发现也成为牛顿万有引力定律的又一次胜利。后人为了纪念哈雷，将人类发现的第一颗周期性彗星称为“哈雷彗星”。

哈雷彗星彗核照片

法国天文学家梅西叶（Charles Messier，1730—1817）也是一个希望将自己的名字写在太空中的人。他根据哈雷估计的时间和位置夜复一夜地反复搜索彗星的踪迹（由于历史观测数据的质量参差不齐，哈雷在书中给出的回归日期并不准确）。当他终于在 1759 年找到哈雷彗星时，却沮丧地得知有人已经在一个月前捷足先登了，他失去了一次扬名的机会。不过梅西叶在寻找哈雷彗星的过程中意外地发现了新的彗星和其他几个在小望远镜中模糊不清、类似彗星的云雾状天体，这多少补偿了他失落的心情。他决定一边寻找彗星，一边将这些容易被误认成彗星的天体编成星表，这样所有和他一样关注彗星的观测者都能因此受益。

梅西叶一直将这项工作坚持到 1784 年，在此过程中他独立发现了十几颗新彗星，成为著名的“彗星猎手”，还顺便确认了上百个云雾状的天体。他将这些天体整理成一份星表发表。因为其中含有各种类型的天体——星云、星系、星团……因此在今天被称为《梅西叶星云星团表》，简称“梅西叶星表”。其中的天体都获得了以梅西叶姓名缩写开头的简称，如星表的第一条记录是金牛座的蟹状星云，它便被称为 M1。梅西叶想不到的是，最终让他为世人铭记的并非那些轰动一时的彗星，而是这份彗星搜寻的副产品。梅西叶星表作为第一个系统的深空星表，开辟了全新的研究领域，它把人类的视线带到了宇宙更深处。这些天体成为夜空中最特别、最

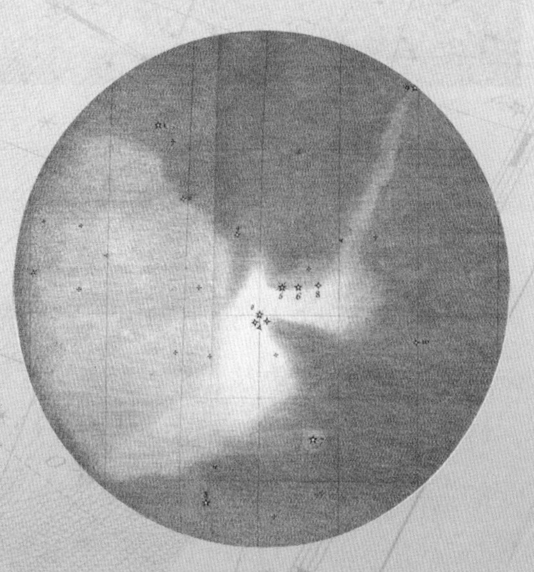
梅西叶绘制的猎户座大星云

哈勃空间望远镜拍摄的蟹状星云

美丽的一群，不仅是天文爱好者们青睐的目标，也是天文研究者们重点关注的对象。

新的目标刺激了新的观测手段和方法的诞生，新的发现也彻底改变了人们对宇宙的理解。星表从此不再局限于恒星。1759 年，一个年仅 21 岁的德国音乐师和他哥哥一起前往英国躲避欧洲大陆的战乱，当时他也许只想过上安定富足的生活，而他最终超越了他所在的时代。他的名字是威廉·赫歇尔（Frederich Wilhelm Herschel，1738—1822）。英法七年战争结束之后，威廉·赫歇尔留在英国，先后做过音乐教师、管风琴手、小提琴手，甚至作曲和指挥，但这些似乎并不是他想要的生活。这位音乐家在阅读英国数学家罗伯特·史密斯（Robert Smith，1689—1768）关于音乐的著作时，也随手翻了翻这位作者的光学作品，从此发现了另一个世界。1773年，35岁的威廉·赫歇尔迷上了天文观测。但当时普通的小望远镜观测效果并不理想，而大口径的望远镜又价格不菲，于是他开始自己磨制镜片。为了避免当时通用的折射望远镜的诸多弊端，他选择了牛顿提出的反射式设计，并加以改进。一年之后威廉·赫歇尔终于做出性能优越的新式望远镜。随着他制作望远镜技艺的不断提高，附近的居民都慕名前来观赏，其中就包括当时的格林尼治天文台台长、第五位英国皇家天文学家马斯基林（Nevil Maskelyne，1732—1811）。

威廉·赫歇尔

那个时代的天文学家们正热衷于测量恒星的距离。意大利物理学家、天文学家伽利略（Galileo Galilei，1564—1642）曾提出一个利用双星进行测量的办法：对于两个位置接近又没有物理联系的恒星，可以将较远的一个作为参照物，测量较近那个的视差。基于这个思路，威廉·赫歇尔在1779年开始系统地寻找并监测双星，他在1781年3月13日的例行观测中意外地发现一颗新星，他本以为那只是颗彗星，可经验丰富的马斯基林敏锐地察觉到这颗星非同寻常。在积累了足够的观测资料之后，瑞典的天文学家莱克塞尔（Anders Johan Lexell，1740—1784）和法国的拉普拉斯（Pierre-Simon Laplace，1749—1827）都算出了它的轨道位置——两倍土星半径处！一颗新的行星就此确认。威廉·赫歇尔用英国国王乔治三世的名字为其命名，称为“乔治星”，然而法国人对此不以为然，最终，一个不带政治色彩的名字——天王星获得天文界的普遍认可。

天王星

这是人类发现的第一颗无法用肉眼直接观测的行星，人们所知的太阳系的直径也因此增大了整整一倍。一系列荣誉接踵而至：英国皇家学会科普利奖章（Copley Medal）、英国皇家学会会员、苏格兰王室天文学家……威廉·赫歇尔，这位 43 岁的音乐家终于在天文界站稳了脚跟。但是这些头衔并没有给他带来可观的收入，微薄的薪水无法应付日常开销，更不要说购置昂贵的天文仪器。好在他制作的望远镜此时已经享誉欧洲，纷至沓来的各国订单让他可以专心从事天文工作。威廉·赫歇尔制作的望远镜甚至有一台被英国使团带到了中国，进献给乾隆皇帝，今天还保存在故宫博物院中。

天王星的意外发现占用了威廉·赫歇尔不少时间，影响了他最初观测双星的计划。捷克天文学家迈尔（Christian Mayer，1719—1783）在 1781 年率先发表了一个包含 80 颗双星的星表，虽然精度不高，但毕竟是第一个双星星表。威廉·赫歇尔在 1 年后也发表了他的双星星表，包含 269 个目标，数量和质量都远远高于前一个，因此也被认为是第一份重要的双星星表。后来他又多次更新，虽然没能测量出恒星视差，但他在多年的观测中发现，有一部分双星之间存在真正的物理联系，这使得在太阳系外验证牛顿定律成为可能。

另一方面，威廉·赫歇尔入选英国伦敦天文学会之后，看到了法国梅西叶发表的星云星团表，这激起他极大的兴趣，开始利用自己强大的望远镜寻找更多的深空天体。从 1786 年到 1802 年，他用自己口径 47 厘米的望远镜——要知道同时代的梅西叶只有 20 厘米的望远镜可用——发现了 2 500 多个新的星云星团。但他并没有就此止步，在 1789 年完成了一个口径 1.22 米（48 英寸）的巨型反射望远镜，在投入使用的第一天就发现了土星的一颗新卫星！在接下来的 50 多年里，它一直是世界上最大的望远镜。

赫歇尔家族对天文学的贡献远不止这些，威廉·赫歇尔的妹妹卡罗琳·赫歇尔（Caroline Herschel，1750—1848）也在天文学领域有重要成就。她十岁的时候因为一场大病，左眼失明，也不再长高。母亲认为她无法嫁人，便不希望她接受教育，只让她熟悉家务，以便日后能做女佣维生，卡罗琳的才智险些因此被埋没。1772 年，她来到英国陪伴哥哥。威廉·赫歇尔在乐队的时候，她充当女高音，甚至受邀参加音乐节，不过她拒绝与哥哥之外的其他指挥合作。在威廉·赫歇尔转向天文观测后，卡罗琳也开始研究星空，在工作和生活方面都给了威廉·赫歇尔巨大的帮助和支持，而且琐碎的家庭事务并没有磨灭她的意志。卡罗琳用哥哥送给她的望远镜独立发现了新彗星，成为首位发现彗星的女性，她的观测能力也因此获得认可，英王乔治三世正式聘请她为威廉·赫歇尔的助手，她于是成为首位获得薪水的女性天文学家。卡罗琳以极大的热忱和耐心补充修订了弗拉姆斯蒂德的《不列颠恒星表》，系统整理了威廉·赫歇尔的星云星团表，并在 1828 年获得英国伦敦天文学会的金质奖章，直到一百多年后的 1996 年才有第二位女性天文学家鲁宾（Vera Rubin）再次获此殊荣。1848 年，卡罗琳以 98 岁的高龄去世，她自己撰写的

赫歇尔 1.22 米望远镜

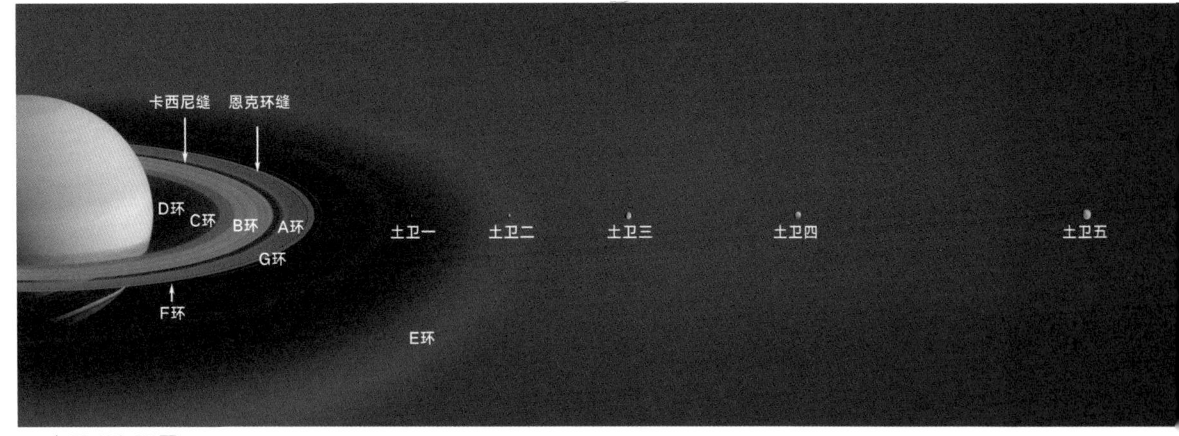

土星环和卫星

墓碑碑文是“她已魂归荣耀之地，而她的眼睛仍在此仰望星辰”。

卡罗琳·赫歇尔

威廉·赫歇尔的儿子约翰·赫歇尔（Sir John Frederick William Herschel，1792—1871）也是一名出色的天文学家。他从剑桥大学毕业之后就子承父业，在年事已高的父亲的指导下制造望远镜，整理观测资料。1820 年，他参与创建了英国皇家天文学会的前身——伦敦天文学会，并因为数学方面的成就而获得英国皇家学会的科普利奖章，后来还因为对他父亲双星星表的更新而获得 1826 年的伦敦天文学会金质奖章，并在次年当选伦敦天文学会主席。1831 年，他又受封为骑士。这些荣誉和职务为约翰·赫歇尔带来了许多关注和压力。为了摆脱琐碎的日常事务，他在 1833 年带着妻子前往英国在地球最南端的殖民地——南非好望角，就像当年前往圣赫勒拿岛补充第谷星表的哈雷一样，他要去南天继续完善他父亲的星表。

约翰·赫歇尔

■ 英国皇家天文学会金质奖章

约翰·赫歇尔在好望角度过了一段相当轻松愉快的时光，于 1838 年返回英国。南天的观测结果最终在 1847 年发表，系统记录了他所观测的恒星、星云、双星、土星卫星、太阳黑子，以及 1835 年回归的哈雷彗星。他因此再次得到了当年父亲发现天王星时所获的嘉奖——科普利奖章。1849 年，约翰·赫歇尔出版了《天文学概要》(*Outlines of Astronomy*)一书，以通俗的语言和大量精美的插图对当时最新的天文学知识进行了清晰而详尽的介绍。这本书很快成为当时天文学的标准教材，甚至被传教士介绍到中国。其中文版由李善兰和伟烈亚力翻译，以《谈天》为名于 1859 年在中国出版，产生了深远影响。1864 年，他把父亲和自己观测星云和星团的列表综合到一起，合并为一个包含 5 079 个天体的《星云星团总表》(*General Catalogue of Nebulae and Clusters of Stars*)，其中许多星云后来被证明是位于银河系外的星系。约翰·赫歇尔于 1871 年去世，由于他在科学上的突出贡献，英国为他举行了国葬，安葬在威斯敏斯特大教堂牛顿墓前方。

赫歇尔父子凭借他们精湛的望远镜制作技艺站上了天文学的时代巅峰，后来的天文学家想要超越他们就必须借助更先进的技术和设备。爱尔兰贵族威廉·帕森斯（William Parsons，1800—1867）在 1841 年接替他父亲成为第三代罗斯勋爵，继承了大量的遗产。他对星空非常着迷，一直在制作自己的望远镜，这时他终于有条件建造更大的望远镜去探索宇宙深处的天体。此前世界上最大的望远镜是由天王星的发现者威廉·赫歇尔制造的 1.22 米口径望远镜。罗斯勋爵决心突破这个极限，他给自己设定的目标是一架口径 1.8 米的庞然大物。要知道当时还没有成熟的镀银技术，反射镜镜面完全是由铜锡合金铸成的，镜坯铸好之后还需要打磨、抛光等多道工序才能用于观测，而且抛光的表面会很快生锈，还要准备两块镜面轮流使用。这样大型的设备对当时所有的相关工艺都提出了挑战，不过这些困难都没有难倒这位牛津大学数学系的优等生。他甚至做出了蒸汽驱动的研磨机来处理镜坯，最终完成的反射镜面超过 3 吨，需要额外的支撑结构才不至于被自身的重量压弯，加上镜面底座和镜筒之后，望远镜的重量达到了 12 吨。当时没有任何移动的支架可以支撑如此沉重的望远镜，于是

列维坦望远镜

罗斯勋爵建造了两座 12 米的高墙，把镜筒夹在中间，并通过铰链结构改变望远镜的仰角。虽然不能左右转动，但是可以利用地球的自转观察出现在望远镜前方视场中的天体。这架庞大的望远镜终于在 1845 年完成，被世人称为“列维坦”（《圣经》中的海洋巨兽）。在接下来的 50 多年间，它都是世界上最大的望远镜。正是通过这台望远镜，人们第一次看到星系的旋臂结构。

为了操作这台巨大的设备，罗斯勋爵招募了几个观测助手，其中一位叫作德雷尔（John Louis Emil Dreyer，1852—1926）。德雷尔在观测过程中发现了很多新的星云和星团，测量数据也与赫歇尔父子的星表有不少出入，于是他决定对《星云星团总表》加以订正。在先后完成了两次增补之后，1888 年，德雷尔把这几个版本合并成一个全新的星表，以《星云星团新总表》（*New General Catalogue*, NGC，编号 VII/1B）为名在英国皇家学会发表。在这个星表中，他不仅修正了原有的 5 079 个天体的数据，还加上了新发现的目标，星表中的天体总数达到 7 840 个，以星表的缩写 NGC 作为天体编号的前缀，如仙女星系既可以根据梅西叶星表中的编号叫作 M31，也可以按照新总表的编号称为 NGC 224。

仙女星系（M31/NGC 224）

罗伯特四重奏星系（NGC 87、NGC 88、NGC 89、NGC 92）

后来德雷尔又分别在 1896 年和 1905 年发表了两个《星云星团索引表》(*Index Catalogue*)，补充了 5 386 个天体，以 IC 作为编号前缀。它们通常也被算作《星云星团新总表》的一部分。如果说梅西叶星表是业余天文爱好者的指南，那么《星云星团新总表》就是专业天文学家的宝藏了，这 10 000 多个目标涵盖了星云、星系、星团等各类天体，至今仍是专业天文研究的重要对象。

与此同时，借助新的望远镜技术，天文学家们对恒星的观测也日益深入。柏林天文台台长波德（Johann Elert Bode，1747—1826）于 1801 年出版的《波德星图》(*Uranographia*) 可以视作对此前时代的总结。这份印刷精美的古典星图以极高的精度标出了全天 17 240 颗恒星的位置，囊括了所有 7 等以上的恒星，并加入了威廉·赫歇尔等人发现的 2 000 多个深空天体，还为各个星座划分了明确的边界。天文学家接下来的工作就将在这份蓝图上展开……

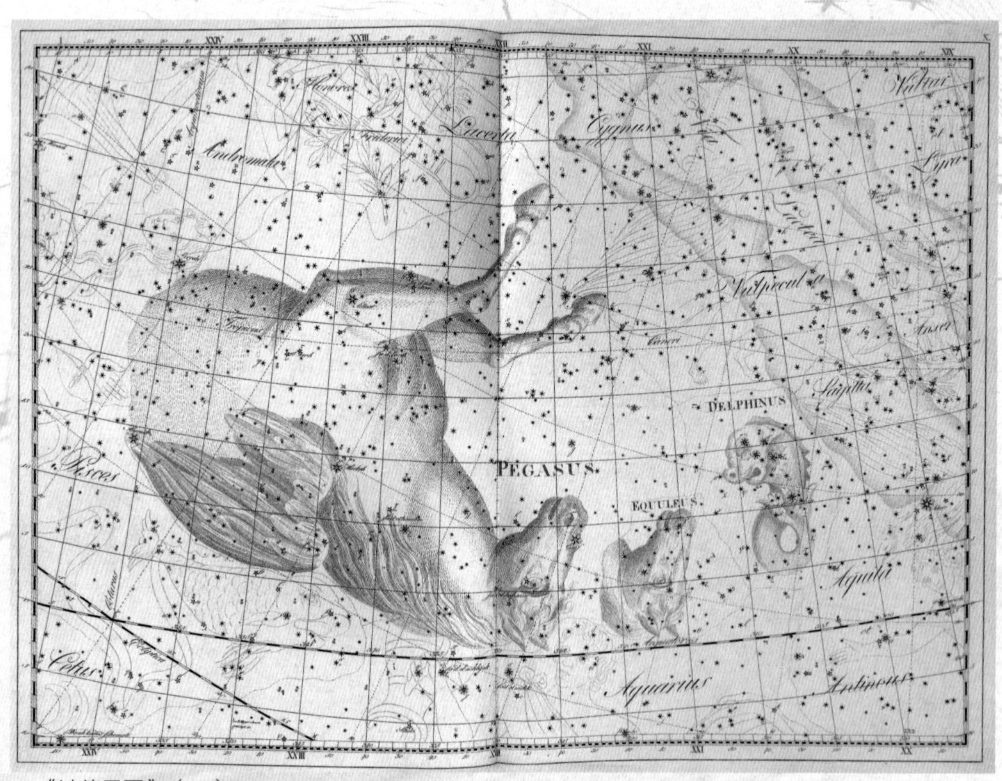

《波德星图》(一)

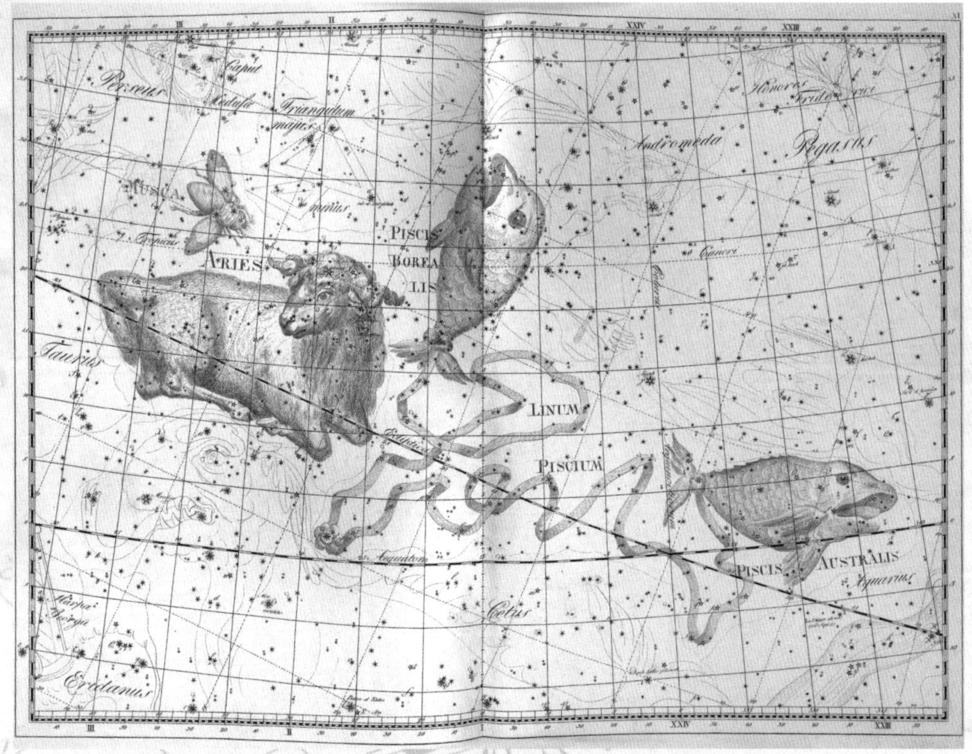
Perseus
Triangulum majus
MUSCA
ARIES
PISCIS BOREALIS
Andromeda
Pegasus
Taurus
LINUM
PISCIUM
PISCIS AUSTRALIS
Aquarius
Cetus
Eridanus

《波德星图》（二）

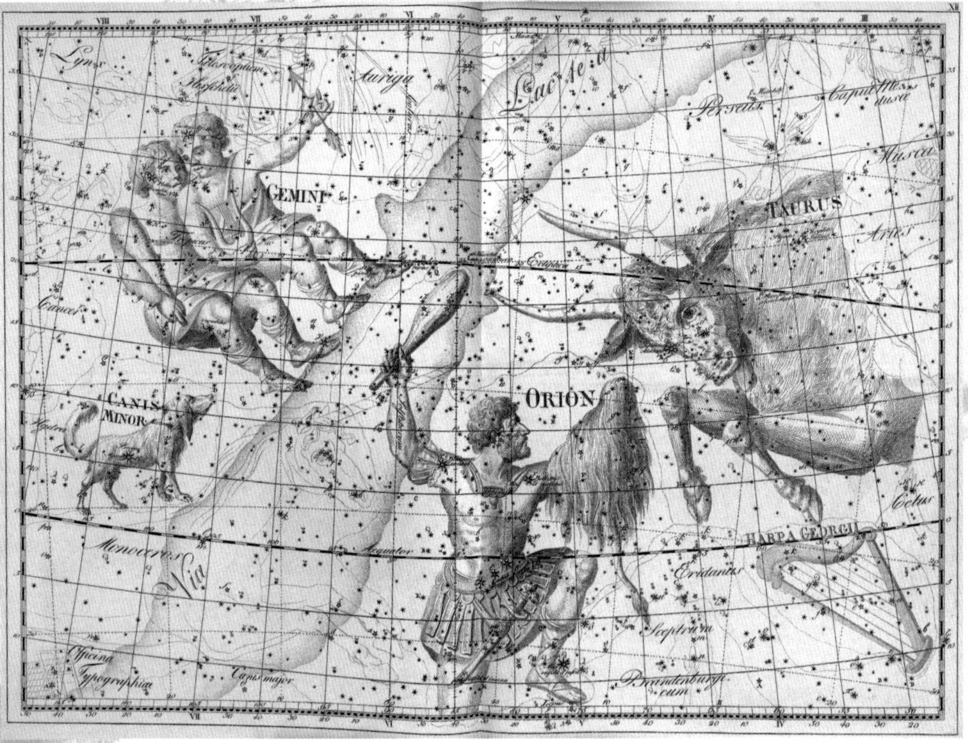
Lynx
Auriga
Lactea
Perseus
Musca
GEMINI
TAURUS
Aries
Cancer
CANIS MINOR
ORION
Cetus
HARPA GEORGII
Monoceros
Via
Eridanus
Sceptrum
Officina Typographica
Canis major

《波德星图》（三）

图尔库 1827 年大火劫余

第四章

恒星距离

贝塞尔

虽然有很多天文学家为测量恒星距离付出了艰苦努力，但在第一次看到正确答案之前，没人知道那个问题已经离解决不远了。

18 世纪的英国皇家天文学家布拉德雷留下的庞大观测记录此时还没有被天文界消化，因为整理出版的遗稿未经系统的订正，无法直接使用，它的巨大价值还有待后人发掘。1804 年，普鲁士一个名叫贝塞尔（Friedrich Wilhelm Bessel，1784—1846）的会计对哈雷彗星轨道的计算方法进行了改进。这引起了德国天文学领袖奥伯斯（Heinrich Wilhelm Matthäus Olbers，1758—1840）的注意，并介绍他到天文台工作。贝塞尔凭借杰出的数学才能利用刚出版不久的布拉德雷星表开展工作。他先后定出了 5 万多颗恒星的精确位置和自行[1]，并因为对大气

[1] 自行：恒星和其他天体相对太阳系，在垂直于观测者视线方向上的角位移或单位时间内的角位移量。

折射率的出色研究获得法国科学院的“拉朗德”奖，从 1810 年起担任普鲁士柯尼斯堡（Königsberg，现为俄罗斯加里宁格勒）天文台台长。但是布拉德雷最初的梦想——测量恒星的距离，仍然没有实现。谁不想成为第一个向世界宣告恒星距离的人？但所有的失败都表明，那些微弱的星光比我们设想的更加遥远。

苏格兰律师亨德森（Thomas James Henderson，1798—1844）是被历史选中的幸运儿，他一方面为贵族提供法律服务，另一方面保持着对天文学和数学的爱好。他的眼睛并不好，便将主要精力集中在天文计算方面。1824 年，当时负责为英国海军编制航海天文年历的托马斯·杨（Thomas Young，1773—1829，以杨氏双缝实验闻名于世）发现了亨德森的天文才能，引领他进入天文界，并在

半人马座 α 星

去世前的一封信中推荐他接替自己在海军部门的职位。但英国海军部的理想人选是当时的皇家天文学家庞德（John Pond，1767—1836）。这时候正好出现了另一个机会：南非好望角的观测站站长去世。身体状况并不好的亨德森最终还是接受了这样的调配。[1] 在好望角，他发现亮星半人马座 α 星的自行很大。今天我们知道那是距离太阳最近的一颗恒星，测量它的视差无疑是最容易的。不过因为这颗星赤纬很低，北半球绝大部分的观测者都看不到，他不担心有人会捷足先登。1834 年亨德森因病回到英国后，才开始着手处理数据。当他算出这颗星的距离时，对得到的结果非常吃惊，他不敢相信距离如此遥远。他在非洲时并没有给予这颗亮星特别的关注，手中只有 19 次例行观测数据。为了保险起见，他没有公开结果，而是立刻与在好望角的继任者联系，索要更多的观测数据以便验证。但可惜的是还没等他拿到新的数据，另一位天文学家就公布了自己的结果。

1837年，俄国天文学家弗里德里希·斯特鲁维（Friedrich Struve，1793—1864）宣布天琴座α星（织女星）视差为0.125角秒，那是他观测双星时的副产品。但他对自己的结果并没有把握，因为这个值实在太小了。无论这个结果准确与否，它给了天文学界一个暗示，恒星距离的问题已经离解决不远了。贝塞尔听到这个消息后马上用夫琅和费（Joseph von Fraunhofer，1787—1826）工坊建造的量日仪（heliometer，原本用于测量太阳直径，也可以测量天体间张角）展开了自己的观测。贝塞尔选取了当时已知的自行最大的天体——天鹅座61。其实斯特鲁维对这个天体有过仔细的观测，甚至第一个发现它是双星系统，斯特鲁维应该也知道贝塞尔在1812年就公布了这个系统的巨大自行。但是，当时人们普遍认为恒星都有相同的亮度，只是由于距离远近不同才有明暗的差别，于是斯特鲁维选取了自行较小但更加明亮的织女星，而错过了这个事实上更容

[1] 当时南天是欧洲天文学家们的盲区，有经验的观测者可以获得许多新的发现，包括哈雷、约翰·赫歇尔在内的许多天文学家都由此成名，亨德森也不例外，一回国便荣膺第一任苏格兰皇家天文学家（Astronomer Royal for Scotland）。

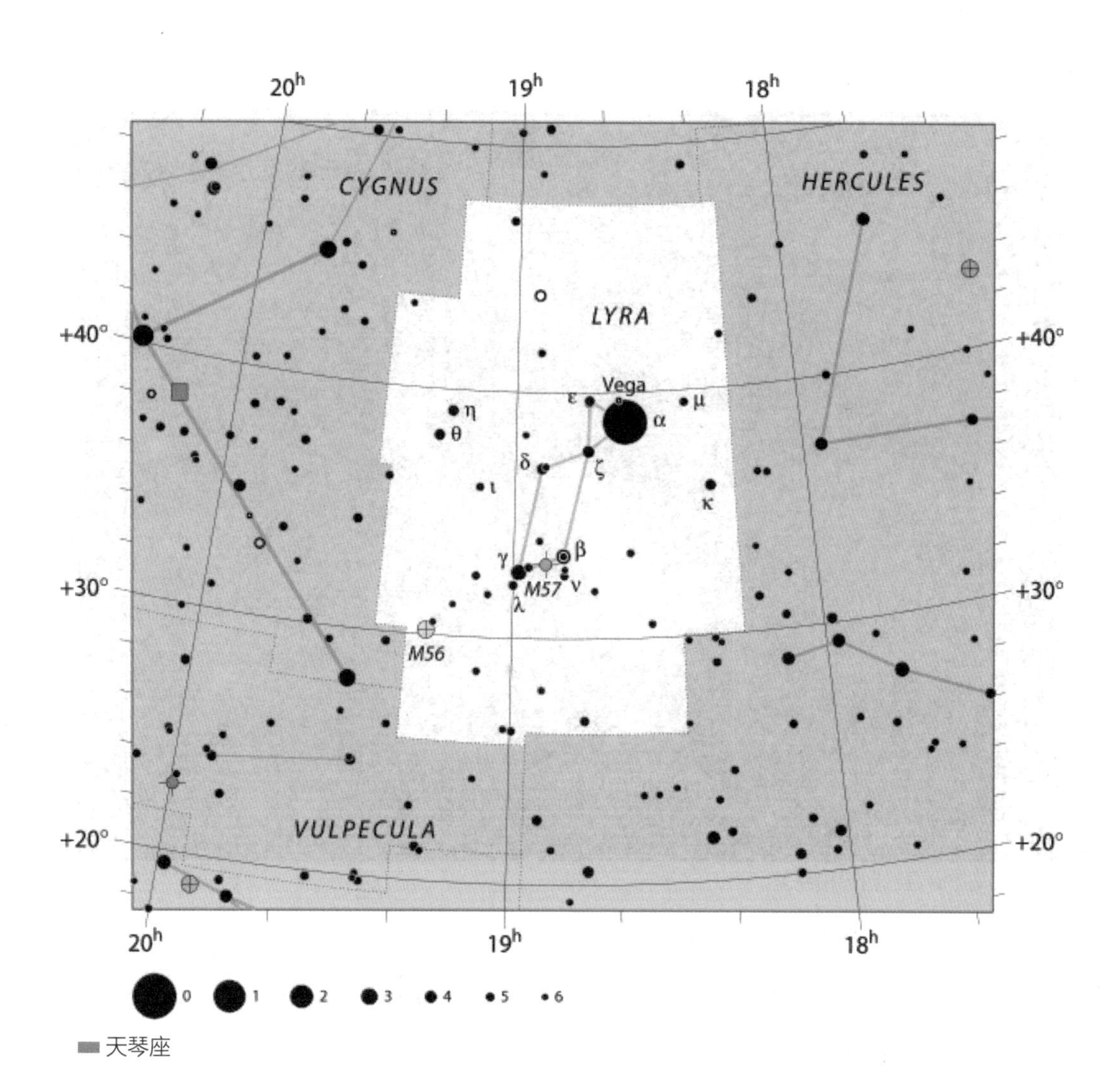

20^h
19^h
18^h
+40°
+30°
+20°
CYGNUS
HERCULES
LYRA
Vega
α
ε
μ
η
θ
δ
ζ
ι
κ
γ
β
ν
λ
M57
M56
VULPECULA
0
1
2
3
4
5
6

天琴座

INV.NR.

量日仪目镜

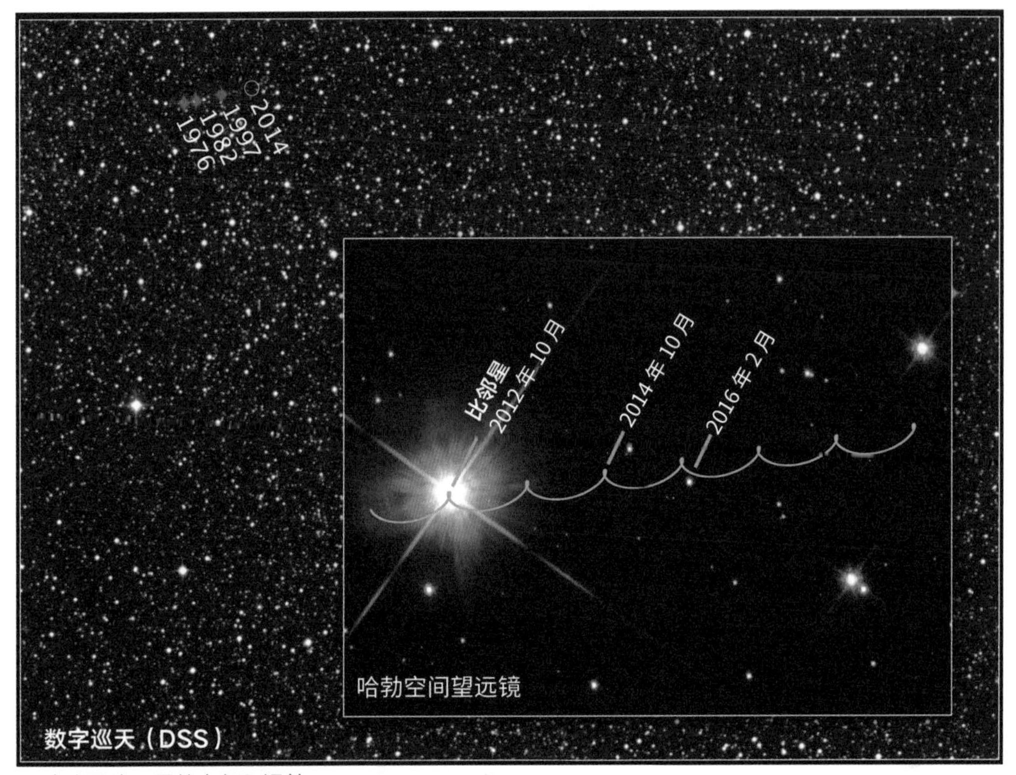

半人马座α星的自行和视差

易测量的目标。贝塞尔在经过一年紧张的观测之后，于1838年10月公布了天鹅座61的视差为0.314角秒。惴惴不安的斯特鲁维立刻修改了自己对织女星的计算结果，其实他第一次发表的结果更接近现代值。2个月后，亨德森也公布了半人马座α星的测量结果，略小于1角秒。就这样，在1838年，人类终于第一次知道了恒星的距离，发现自己在宇宙中是那么渺小孤单。

恒星距离的测定为天文学开启了新的篇章，天文学家们都投入丈量宇宙的浩大工程当中。贝塞尔一手培养起来的阿格兰德（F. W. A. Argelander，1799—1875）肩负起了责任。阿格兰德于1799年出生于柯尼斯堡附近的港口城市克莱佩达（Klaipeda，德国人称之为Memel），在柯尼斯堡上大学时因为贝塞尔的一次讲座而对天文产生了浓厚的兴趣，1820年如愿以偿地进入柯尼斯堡天文台，成为贝塞尔的学生和助手，博士毕业后回到父亲的故乡芬兰，担任刚创建不久的图尔库（Turku）天文台台长。但1827年图尔库发生了一场毁灭性的大火，全城大部分建筑都被烧毁，天文台虽然在阿格兰德的努力下幸存，但还是和大学一起迁到了赫尔辛基。新天文台的修建工作在1834年才得以完成。两年后阿格兰德在幼年相识的普鲁士王储腓特烈·威廉四世（Friedrich Wilhelm IV，1795—1861）的邀请下来到波恩筹建新天文台。虽然观测无法进行，但阿格兰德的思考一直没有停止，1837年，他专门写了一本书来讨论太阳系的自行问题。

人类从行星的运动中可以推算出太阳是这个系统的中心，现在居然发现恒星也在遥远的地方高速运动，一系列新的问题接踵而至：它们还是以太阳为中心运动吗？如果不是，是否在围绕其他的中心运动？那太阳本身是在运动吗？又是朝着什么方向运动？此前测量的恒星数目偏少，精度也有限，能用三角视差法算出自行的不过几十颗。现在既然知道暗弱恒星也可能离我们很近，就有必要记录更多的暗弱的恒星，来测量太阳的自行，找出宇宙的中心。

阿格兰德决定收集更多的数据。1852年，他带着两个助手克吕格尔（Adalbert Krüger，1832—1896）和申费尔德（Eduard Schönfeld，1828—1891），在新建立的波恩天文台用78毫米口径的望远镜开始了观测工作。他们在11年里测量了北天几乎所有9.5等以上恒星的目视星等和位置（当时只能得到这两个信息，光度计直到1861年才出现，光谱仪也在等待摄影技术的成熟），**在1859—1862年出版了著名的《波恩星表》（*Bonner Durchmusterung*，BD，编号I/122）**。这份星表包含赤纬+89°到−1°之间的324 189颗恒星的信息，赤纬测量精度为0.1角分，赤经精度约为0.1角秒。因为是目视观测，他们对星等的估计并不准确。星表中最暗的恒星都被设定为9.5等，其实其中很多星都暗于10等。

阿格兰德在编撰《波恩星表》的过程中，对星空的浩瀚有了深刻的体会，这样浩大的巡天项目再也无法由个人独立承揽，天文学家们必须合作。他同德国天文学家弗尔斯特（Wilhelm Foerster，1832—1921）等人于1863年一起创立了德国天文学会（Astronomische Gesellschaft），计划组织全球的天文台站一起分工合作完成对全天的观测。在这个组织的协调下，全球17个天文台站用子午

■ 赫尔辛基天文台

环（对准正南方向，测量天体通过南天正中的时刻和角度的仪器）对《波恩星表》中赤纬在 +80° 到 −23°，亮度在 8 等以内的 20 万颗恒星的位置进行了精确测量，自 1861 年起历时半个世纪陆续完成了著名的《德国天文学会星表》第一版（*Astronomische Gesellschaft Katalog*，AGK，编号 I/310）。

1875 年，阿格兰德离世，他的助手申费尔德接过了他的工作，通过 11 年观测和计算，加入了赤纬 −2° 到 −22° 的 133 659 颗恒星的数据，作为《波恩星表》的第八卷，也称作《南天星表》（*Südliche Durchmusterung*， SD，编号 I/119)。

这时，天文观测技术正在经历巨大的变革，天文摄影技术日益成熟，以其诸多的优点迅速取代了传统观测方法，天文界开始普遍采用照相设备进行巡天，《波恩星表》续编计划被放到了一边。

19 世纪 90 年代，阿根廷国立天文台（现为科尔多瓦天文台）台长托梅（John M. Thome，1843—1908）看到《波恩星表》这一著名星表缺乏南天的数据，决定利用自身的地理优势将它补充完整。因为工作量太大，他以 10° 为单位分批进行。在 1892 年完成了赤纬 −22° 到 −32° 的区域，在 1894 年发表了 −32° 到 −42° 的部分，在 1900 年，推进到了 −52°。但是另一个国际合作项目使他不得不临时中止补完《波恩星表》的计划，那是始于 1887 年的“天图”（Carte du Ciel）照相巡天计划，原本分配给阿根廷拉普拉塔（La Plata）天文台的任务，转由阿根廷国立天文台负责。但托梅在 1908 年就去世了，他的继任者是视超光速的发现者之一珀赖因（Charles Dillon Perrine，1867—1951）。珀赖因发现项目统一配备的设备运行并不正常，照相巡天数据根本无法使用，只能重新观测，直到 1913 年才完成预定的观测任务，得以继续《波恩星表》的补充工作。在 1914 年，发表了赤纬 −52° 到 −62° 的数据，在 1932 年终于完成了到 −90° 的其余数据，以天文台所在的科尔多瓦为名发表（*Córdoba Durchmusterung*，CD，编号 I/114）。

至此，历时近一个世纪的《波恩星表》终于编制完成。它包括了全天暗至 9.5 等的一百多万颗恒星数据，以 BD 为开头编号。这是世界上最后一本以目视观测编制的完备星表。接下来我们将进入照相天文时代。

悉尼天文台用于巡天计划的望远镜

第五章

照相术兴起

约翰·赫歇尔夫人在 1867 年为约翰·赫歇尔拍摄的肖像照

19 世纪中叶，天文学呈现出前所未有的繁荣局面。普鲁士的贝塞尔用量日仪得到了恒星距离，爱尔兰的罗斯勋爵改进了他巨大的望远镜，夫琅和费用他的分光镜发现了太阳中的元素，英国的约翰·赫歇尔刚刚结束南非的观测回国……天文界的联系变得日益密切。1831 年，英国伦敦天文学会升级成为英国皇家天文学会。法国、俄国、德国天文学会的会员遍布全球，新的研究发现能够在极短的时间内传遍世界，各国学界的竞争也变得日益激烈起来。

这时一项新技术的出现为天文学带来了革命性的变革。法国画家达盖尔（Louis Daguerre，1787—1851）在天文学家阿拉戈（François Jean Dominique Arago，1786—1853）的建议下于 1839 年在法国科学院公布了他的新发明“达盖尔银版摄影术”。发明一经公布就引起了巨大的轰动。天文学界立刻做出反应，刚刚从南非回国的约翰·赫歇尔立刻实验了

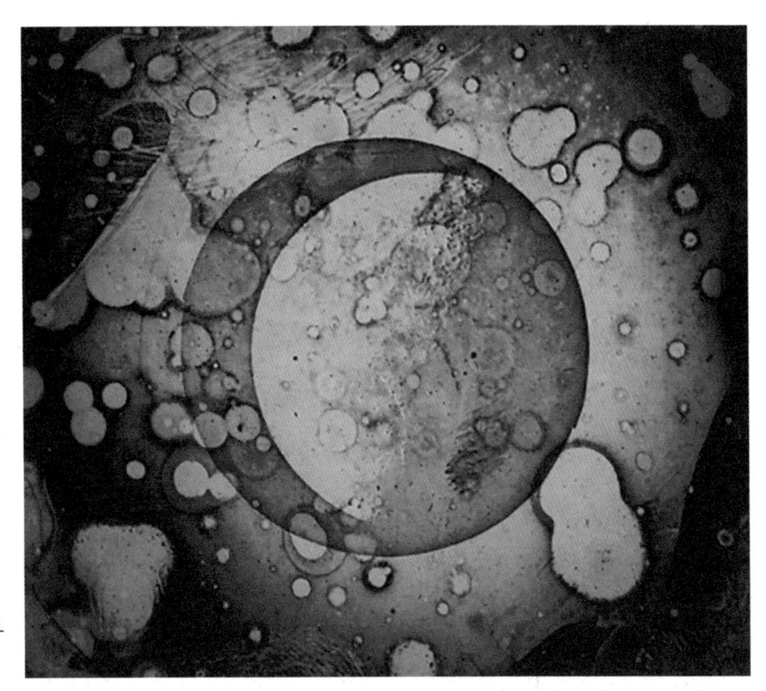

第一张月球照片
银版照片翻拍，1840 年
约翰·德雷珀拍摄。

这项新技术，并向英国皇家天文学会提交了报告，第一次将“摄影”（photography）这个词引入英语。消息很快传到了大西洋彼岸的新兴国家——美国。纽约大学的化学教授约翰·德雷珀（John William Draper，1811—1882）对此产生了浓厚的兴趣，他很快就成功拍摄了清晰的月球照片。此后虽然也有不少业余或专业天文学家拍到了令人激动的照片，但照相设备和冲印过程仍然存在很多技术性不足，传统研究者们并不愿意让他们不熟悉的新技术增加研究中的不确定性，新生的摄影术同当年的望远镜一样并没有立刻被学界接受。直到 19 世纪 70 年代，摄影器材和照片质量都已经有了显著的改善，新一代的天文学家们终于准备好接受新的技术。

巴黎天文台台长莫彻茨（A. Mouchez，1821—1892）就是其中的代表。他本来是法国海军军官，曾参与法国经度局主导的全球经度联测，后来又前往印度洋成功拍摄金星凌日照片，于是得以进入天文界，在 1878 年执掌巴黎天文台。他认识到照相技术对天文研究的影响是革命性的，借助照相干板（当时照相用的涂有感光剂的玻璃片），天文学家们能够准确地记录星体的位置和亮度，有效降低人工识别的误差，而且望远镜视场中成百上千个星体同时被照片记录下来，可以在白天进行后续测量，大大加快了巡天的效率。于是莫彻茨发挥此前多次参与国际合作的经验优势，于 1887 年在巴黎组织举办第一届国际天文照相会议（The International Astrophotographic Congress），担任执行主席的是俄国普尔科沃（Pulkovo，也拼写为 Pulkowa）天文台台长奥托·斯特鲁维（Otto Wilhelm von Struve，1819—1905），他的父亲就是测量织女星视差、创建普尔科沃天文台的著名俄国天文学家弗里德里希·斯特鲁维。这次会议有来自 16 个国家的 56 名代表参加，会议通过了一个雄心勃勃的国际合作构想——首先用照相干板制作一份包含全天所有亮于 11 等恒星的《照相天图星表》（*Astrographic Catalogue*，AC），它们将被用作连接拼合相邻照片的针脚，即定标星，这样，全天恒星的亮度就能在一个统一的标准下进行测量。然后以此完成暗至 14 等的照相巡天，从而获得一份有史以来最完备的全天星图和星表。**这便是著名的“天图”（法语**

悉尼天文台用于巡天计划的望远镜

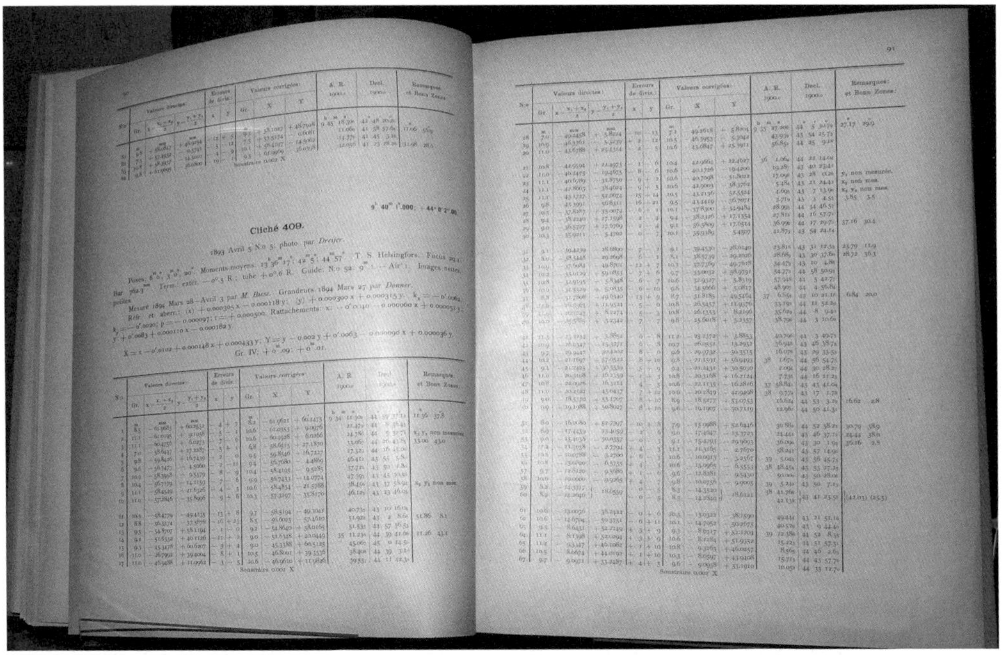

■《照相天图星表》书影

名为 Carte du Ciel）照相巡天计划。为了完成这个目标，他们将全天按赤纬分成 22 部分，由各地的天文台认领。最终有 20 个天文台决定参与，他们计划分头开展观测，在 20 世纪初完成这个宏伟的计划。

负责南非开普敦好望角天文台的苏格兰天文学家大卫·吉尔（David Gill，1843—1914）决定用照相的方法编制南天星表。他与荷兰天文学家卡普坦（Jacobus Kapteyn，1851—1922）合作，在 1895—1900 年间完成了对南天的拍摄和测量工作，发表了《好望角照相星表》（*Cape Photographic Durchmusterung*，CPD，编号 I/108），涵盖了

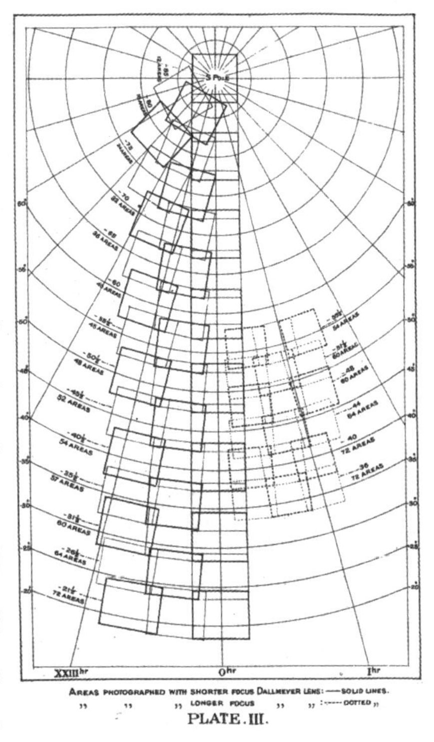

■《好望角照相星表》天区覆盖

从赤纬 -19° 到 -90° 暗至 10 等的 45 万颗恒星的位置。这是第一个根据照相干板编制的星表。在这次巡天中，卡普坦发现了当时自行最大的“卡普坦星”，吉尔也因为他杰出的工作获得了 1900 年的布鲁斯奖（Bruce Medal，太平洋天文学会颁发）。

但并不是每个天文台都进行得这么顺利，加上两次世界大战带来的国际形势变化，最初的目标已经变得遥遥无期。直到 20 世纪中期，仍有源自这个项目的照相天图星表陆续发布。虽然各个台站的观测精度都很高，但由于当时并没有精度相当的定标星表，将世界各地不同台站在不同时间观测的数据汇集到一起时会引入较大的系统误差，所以最初的《照相天图星表》并没有一个汇总版本，只是根据《德国天文学星表》（AGK 星表）给出了底片的参考位置。

事实上，天文界在编纂 AGK 星表的过程中就遇到了同样的问题。如果没有一个可靠的供各个纬度参考的统一星表，高精度的全天星表就无从谈起。这个问题非常基础，天文学家们需要建立一个高精度的基准星表作为参考。这需要用最新的仪器和方法把所有恒星从头测算一遍。各国天文学家都为此目标作出了不懈的努力，编制了许多星表。其中影响最大的有两个系列，一个来自德国，另一个来自美国。我们先从德国说起。

1879 年，德国天文学家奥威尔斯（Arthur Auwers，1838—1915）从普尔科沃天文台 1865 年发表的星表中选出了 539 颗位置没有明显变化，而且足够明亮（7.5 等以上）的恒星，作为《基本星表》（*Fundamental Katalog*，FK），为 AGK 星表的归算提供了基础。1890 年，AGK 星表的第一部分终于正式出版。1907 年，吉恩·彼得斯（Jean Peters）将星表扩展到南天，星数增加到 925 颗，称为 FK2（或者按德语名称缩写为 NFK，*Neuer Fundamental Katalog*）。截至 1914 年，各国天文学家们已经协力完成了 AGK 星表从赤纬 +80° 到 -18° 的部分。

由于观测资料和技术的限制，最初的 AGK 星表仅记录了位置，并没有包含自行。后来有了照相术的帮助，定位精度获得极大的提高，加上累积多年的观测资料，有理由也有条件对星表进行系统的更新。就在各项条件逐步准备充分的时候，国际形势却发生了巨大变化，第一次世界大战爆发了。在第一次世界大战之前，德国天文学会原本是当时全世界最大的天文团体，但德国战败之后它的地位一落千丈。协约国的科学家们于 1919 年 7 月在比利时的布鲁塞尔召开了国际会议，决定重新成立一个新的国际组织——国际天文学联合会（International Astronomical Union，IAU）来协调国际合作。德国被排除在外，而俄国也因为十月革命中断了与欧美的科学文化交流。原有的几个国际天文合作组织——“天图”计划委员会、国际太阳研究合作联合会（International Solar Union）和国际时间局（Bureau International de l'Heure）都并入了这个新组织，成为下属部门。

没有了国际同行的支持，德国的科学家们只得自己承担全部工作。1924 年，他们开始用照相法重测 AGK 星表。波恩天文台负责赤纬 +20° 到 −2.5° 的部分，汉堡天文台负责赤纬 +20° 到 +90° 的天区。参考星表也要进行相应的修订。1937 年，德国天文学家科普夫（August Kopff，1882—1960）再一次修订了 FK 星表，将星数扩展到了 1 535 颗。这是 FK 星表的第三版，因此被称为 FK3。其中保留了第二版中的 873 颗，有 52 颗因为是双星而被剔除，又在较为空旷的天区增加了 662 颗。这 1 535 颗星也从此成为 FK 星表的标准。第二次世界大战结束之后，德国科学家们终于在 1951—1958 年陆续发表以 FK3 为标准参考架归算的第二版 AGK 星表，简称为 AGK2。随着德国在 1952 年加入国际天文学联合会，这个著名星表的更新工作又重新成为天文界的共同目标。1955 年在爱尔兰都柏林举行的国际天文学联合会通过了第八号决议，开始修订 AGK2 星表。用于归算的 FK3 星表也需要进行相应的更新。于是后面又有了 1963 年的 FK4（编号 I/143）和 1988 年的 FK5（编号 I/149A）。

随着北天星表的不断发展，南天星表的质量渐渐跟不上时代了。更新的任务落到了时任好望角天文台台长杰克逊（John Jackson，1887—1958）的肩上。他自 1933 年到任开始，就在利用新的观测数据和大卫·吉尔等人留下的历史观测底板相比较，以此计算恒星自行。在他 1950 年退休后，他的助手和继任者斯托伊（Richard Hugh Stoy，1910—1994）接过了他的工作。1954—1968 年，斯托伊完成了新的《好望角照相星表》（*Cape Photographic Catalog*，CPC，编号 I/116）。这个星表覆盖了赤纬 -30° 以南的全部天区，记录亮于 10 等的恒星 68 467 颗，位置测量误差达到 0.15 角秒，为南天提供了重要的参考资料。在处理数据的同时，斯托伊又提出了 CPC2 计划，采用当时最先进的技术，对赤纬 +23° 以南的天区开始了新一轮的拍摄，并在 1972 年完成观测，极限星等达到 10.5 等。不过 CPC2 星表直到 20 世纪末才整理完成，收录星数超过 27 万颗，在星表库中编号为 I/265。

在大西洋对岸，美国天文学得益于相对稳定的政治环境，于 19 世纪末开始在国际天文界崭露头角。天文学家西蒙·纽康（Simon Newcomb，1835—1909）就是其中的杰出代表。他虽然没有接受过系统的教育，但是凭借出色的数学能力在天文学、统计学、经济学等多个学科领域作出了重要贡献。他曾担任美国海军航海年鉴办公室主任、约翰·霍普金斯大学数学和天文学教授、美国天文学会第一任主席，甚至还撰写了几部科普书籍和科幻小说。纽康在 1902 年撰写的天文科普书籍《通俗天文学》（*Astronomy for Everybody*），被我国著名文学家、翻译家金克木在 1936 年翻译成中文，直到今天仍畅行不衰。

西蒙·纽康

美国方面的基本星表编制工作就始于纽康。他因为长期在海军天文台从事星历表的编算工作，需要标准星作为参考来精确计算月球和行星轨道。他在1872 年发表了包含 32 颗星的赤经星表，用于测时工作；在 1880 年又指导发表了一个扩充版《1 098 颗标准时星和黄道星星表》。

1896 年，天文学家们在巴黎召开了一个国际会议，商讨统一天文基本常数和参考星系统，以便整合各国的天体测量工作。这个会议将编制基本星表的工作交给了经验丰富的纽康。纽康在 1899 年拿出了一个包含 1 257 颗恒星的标准星表。这个星表和他在附录中提供的天文常数一起成为编制星历表的国际标准，被天文界沿用了近半个世纪。

与此同时，美国纽约州阿尔巴尼市（Albany）达德利天文台（Dudley Observatory）台长 L. 博斯（Lewis Boss，1846—1912）为了研究恒星自行、太阳在银河系中的运动等问题，从 1870 年开始汇总几十个可靠的历史星表进行重新计算，于 1910 年发表了含有 6 188 颗恒星的《总星表初编》（*Preliminary General Catalogue*，PGC）。在他去世后，他的儿子 B. 博斯（Benjamin Boss，1880—1970）接过这份繁重的工作，在 1936 年完成了包括 33 342 颗恒星的星表，包含全天亮于 7 等的全部恒星，名为《总星表》（*General Catalogue*，GC，编号 I/113）。学界为了和已有的其他总星表相区分，将这个星表冠以他家族的姓氏，这就是《博斯总星表》（*Boss General Catalogue*）。由于所用的资料来源较多，早期星表测量精度较低，导致不同恒星的数据精度相差很大。

FK3 星表和《博斯总星表》给出的恒星位置是基于同一时期的观测资料得到的，而且大部分归算到 1900 年，也就是说，这些星表中的恒星位置对应于 1900 年的位置。由于地球的自转轴会在星空中缓慢漂移，这直接导致恒星的坐标持续发生缓慢的变化，所以这些星表的位置精度在发表时已经比测量时降低很多了。1947 年，美国海军天文台开始对基本星表进行修订。1952 年，赫伯特·罗洛·摩根（Herbert Rollo Morgan，1875—1957）发表了包含 5 268 颗标准星的 N30 星表（编号 I/80），这个星表的精度比《博斯总星表》有明显提高，不过星数少了很多。

1957 年，苏联发射了第一颗人造卫星，触发了太空军备竞赛。美国为了监测太空中的人造天体，迫切需要一份尽可能详细的恒星资料。哈佛大学史密松森天体物理中心综合了当时所有可用的观测记录（包括 BD、AC、FK、AGK、CPC 等星表）编撰了《史密松森星表》（*Smithsonian Astrophysical Observatory Catalog*，前缀为 SAO，编号为 I/131A），在 1966 年发表。星表包括 8.5 等以上约 25.9 万颗恒星的位置、自行等数据，平均误差达到 0.2 角秒，总算解决了一时之需。

20 世纪 50 年代以后，由于观测精度的不断提高，恒星自行对位置的影响越来越明显，加上计算机和自动化程序的迅速发展大大缩短了观测资料的处理周期，星表的更新频率明显加快了。1963 年 FK4 星表订正完毕，按照惯例仍包括 1 535 颗恒星，增加的 1 987 颗恒星以增补的形式独立出现，称作 *FK4 supplement*，简称 FK4S（编号 I/143）。然后以此为参考在 1973 年以磁带形式刊出新版 AGK 星表，称为 AGK3（编号 I/61B），包括赤纬 −2.5° 以北共 183 145 颗恒星，位置精度达到 0.45 角秒。但是 FK 星表的规模实在太小了，为了提高 AGK 巡天的定位精度，美国海军天文台的科尔宾（Thomas E. Corbin）等人从 AGK3 星表中选出 2 万多颗参考星以确定照相底片的准确坐标，在 1978 年发表了 AGK3R 星表（编号 I/161）。南天也有类似的要求，美国海军天文台和苏联普尔科沃天文台合作，在 1988 年完成了《南天参考星表》（*Southern Reference Star Catalogue*，编号 I/138），以增编的形式加入 AGK3R，从而实现了全天的覆盖。1991 年，科尔宾将这两个星表合并，发表包括 3.6 万颗恒星的《国际参考星表》（*International Reference Stars*，IRS，编号 I/172）。随着新技术和新方法的快速进步，命运多舛的《照相天图星表》（AC 星表）也在此时获得新生。

AC 星表作为第一部照相巡天星表，是用现代科学方法获取的最早天象记录，它对于研究恒星自行有不可替代的重要价值。要准确计算恒星的位置和自行，高精度的测量和长期的观测数据都很重要。高精度的数据需要大口径望远镜和理想的观测环境，而长期的观测数据只能依靠历史数据的积累。美国海军天文台在 20 世纪 80 年代开始系统整理 AC 星表的观测结果，首先要做的仍然是建立标准参考框架，因为底片视场很小，需要的参考星也较多。仍然由经验丰富的科尔宾牵头，综合了北天的 AGK3 和南天的 CPC2，在 1991 年完成了包括 32 万多颗恒星的《照相星图参考星表》（*Astrographic Catalog Reference Stars*, ACRS，编号 I/171)，为 AC 星表的处理铺平了道路。在 1997 年，AC 照相星表（*Astrographic Catalogue* 2000.1，编号 I/275）终于出现在世人面前，462 万多条记录涵盖了全部 11 等以上的恒星，最暗的目标有 13 等。至此，这个跨越百年的宏大计划终于有了一个完美的结局。而“天图”计划虽然没有最终完成，但是围绕它所建立的国际联系成为日后国际科学合作的坚实基础。

一百多年前，阿格兰德为了找出太阳运行的规律而立志编纂《波恩星表》，他手中有自行数据的恒星还不到 100 颗。经过几代天文学家不懈的努力，到 20 世纪中期我们已经精确知道上万颗恒星的运动信息，也对太阳系的未来有了更多的了解。但这不过是一个新的起点……自行只能提供恒星垂直于视线方向运动的信息，要知道视线方向上的运动情况我们还要获得恒星光谱。

船尾座 RS

船尾座 RS 是银河系中最亮的造父变星之一，由哈勃空间望远镜拍摄。

第六章

光谱收集

19 世纪初摄影技术出现，不仅迅速成为天文研究的得力工具，还唤醒了沉寂多年的分光术。虽然早在 1817 年普鲁士的夫琅和费就用自己发明的分光计发现了太阳光谱中的暗线，但是不同波长的光线分散之后亮度大大降低，普通的光谱观测对光源强度要求很高，只能用于研究化学实验室中的元素以及部分亮星。成功记录下月球照片的美国教授约翰·德雷珀在 1842 年就用相同的技术得到了太阳的光谱。但要分析那些来自遥远星体的微弱光线，当时显影干板的敏感度还远远不够。

天文学家们的工作并没有因此停滞。既然不能拍摄底片，就用人眼观察，并以素描记录。1863 年，意大利天文学家塞奇（Pietro Angelo Secchi，1818—1878）开始用低色散摄谱仪系统地观测恒星光谱，并根据颜色进行了最初的分类。1864 年英国的威廉·哈金斯（William

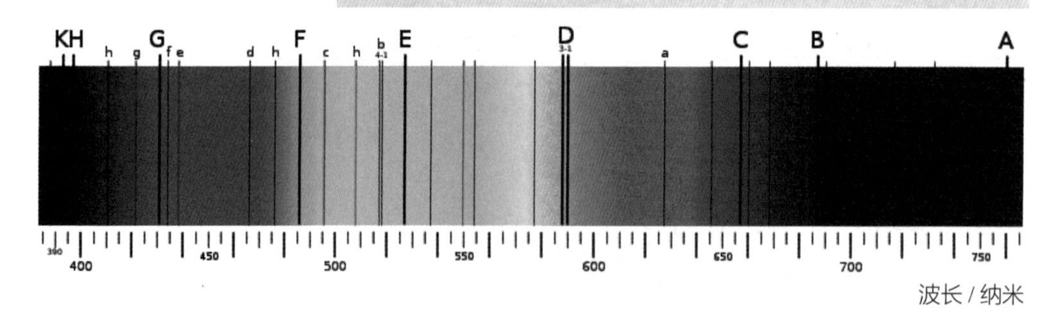

太阳光谱

Huggins，1824—1910）对模糊的“星云”进行了细致的观测，首次发现了星云和星系之间的不同，甚至测出了恒星位置移动造成的谱线变化，为日后人们确认河外星系的存在打下了基础。

与此同时，摄影技术也在迅速发展，1851年，英国的雕刻家阿切尔（Frederick Scott Archer，1813—1857）发明了火棉胶湿版摄影法。新方法的感光能力非常强，极大地缩短了拍摄时间，但是这种底板的保存时间非常短，只能现用现做，很不方便。直到1871年，英国一个摄影爱好者马多克斯（R. L. Maddox，1816—1902）发明了溴化银明胶干板法，成功解决了火棉胶底板保存时间不长的问题。1872年，美国天文摄影先驱约翰·德雷珀的儿子亨利·德雷珀（Henry Draper，1837—1882）就用新技术成功拍摄到织女星的光谱。

亨利·德雷珀在纽约大学学医，业余时间充当他父亲的摄影助手，1857年，20岁的他修完了全部课程，但按照当时的规定要年满21岁才能毕业，他只好跑到欧洲去游历了一年。爱尔兰的罗斯勋爵那架巨大的72英寸（1.8米）口径望远镜给他留下了深刻的印象，让他萌生了利用大望远镜进行天文摄影的念头。他回国后在父亲位于纽约州哈德逊河畔黑斯廷斯村（Hastings-on-Hudson）的领地上建立起一个私人天文台，试制了一系列口径15英寸（约38厘米）的望远镜。后来亨利·德雷珀听取了约翰·赫歇尔的忠告，舍弃了当时常用的金属反射镜面，专心研究玻璃镀银镜面。等到新底片技术出现的时候，他已经是一名经验丰富的业余天文学家了。多年的努力使他得以在第一时间拍摄到恒星光谱：1880年第一次拍摄到猎户座大星云的光谱，1881年第一次拍摄到彗

亨利·德雷珀

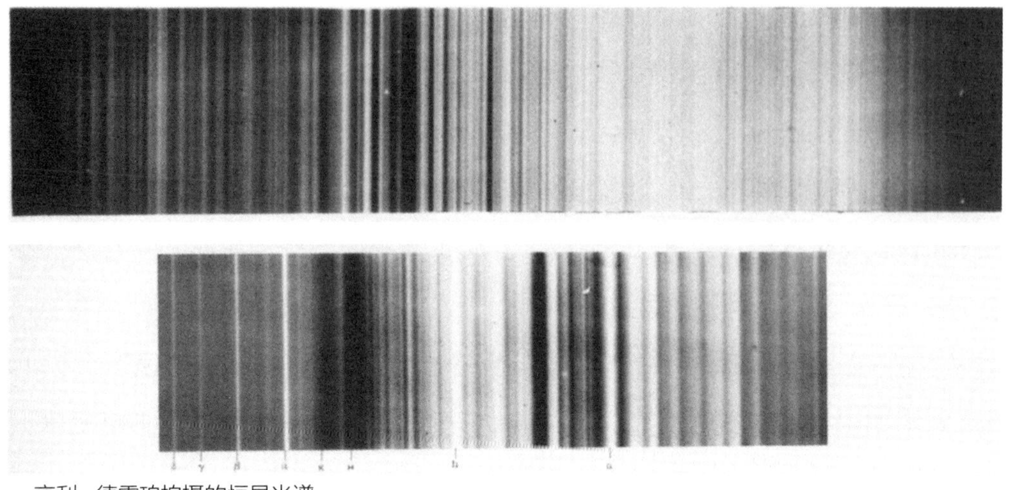

亨利·德雷珀拍摄的恒星光谱

星的光谱……他是如此热衷于这项技术，尝试用它来记录那时所能观测到的一切天体。1882 年年初，约翰·德雷珀去世，亨利接任了纽约大学医学系教授的职位，不久又荣升为系主任，但年底的一场急性肺炎夺去了他的生命，这位在业余时间开创了美国光谱天文学研究的医学教授就这样匆匆走完了一生。

亨利·德雷珀的夫人安娜·玛丽·帕尔默（Anna Mary Palmer，1839—1914）一直在全力支持丈夫的工作。在亨利·德雷珀英年早逝之后，她决定继续支持丈夫未完成的事业，为专业天文学家提供经费，编制一份以他名字命名的星表，作为对他的祭奠。哈佛天文台台长爱德华·C. 皮克林（Edward C. Pickering，1846—1919）接过了这份任务，计划用物端棱镜进行光谱巡天，记录所有能观测到的恒星。在那个没有计算机的时代，星表的整理归算是一项巨大的工程。他对自己男秘书的工作非常不满，在一次发火时说自己的女佣都能干得更好。他的女佣弗莱明（Williamina Fleming，1857—1911）夫人因此意外地进入了天文台，并把事情处理得井井有条。皮克林从此认为浩繁的记录和分析工作更适合女性完成，史无前例地雇了许多女性来处理数据，这些计算人员被称作计算员（computer）。

尽管这些女性计算员的工资十分微薄，不过她们很快就以杰出的工作表现向世人证明了自己的能力。1890 年发表的《德雷珀光谱星表》(*Draper Catalogue of Stellar Spectra*)，包含了南纬 25° 以北 10 351 个天体的 28 266 条光谱信息，获得了天文界的广泛认可，也为女性天文学家赢得了地位和尊敬。弗莱明夫人在这份星表中根据氢线强度将光谱分为 17 类，依次用英文字母 A ~ Q 表示。在此之后，她作为皮克林的得力助手，更多地担负起组织协调等管理工作。数据的分析整理落到了亨利·德雷珀的侄女——女天文学家莫里（Antonia Maury，1866—1952）身上，她对这些数据进行了更深入的研究，于 1897 年和皮克林发表了一个全新的光谱系统，用罗马数字编成 22 类，第一次将 B 型星正确地排到 A 型之前。但是皮克林对这个分类系统并不满意，莫里也一度离开了天文台。

皮克林和他的计算员合影

坎　农

1896 年，皮克林招到了另一位得力助手——坎农（Annie Jump Cannon，1863—1941），她 17 岁时因为感染猩红热而丧失了大部分听力，交际上的不便使她潜心学术。1901 年，坎农和皮克林联合发表了南天 1 122 颗亮星的光谱分类结果。新的分类沿用了弗莱明夫人的字母标识，但去除了大部分的字母，只保留了 O、B、A、F、G、K、M 作为主要类型，并借鉴莫里的思路给出了正确的排列次序（这后来被称为恒星光谱哈佛分类法）。当时人们并不知道这样的顺序是由恒星的表面温度决定的，这个关系直到 1925 年才被美国天文学家沙普利（Harlow Shapley，1885—1972）的女博士生佩恩－加波施金（Cecilia Payne-Gaposchkin，1900—1979）在博士论文中揭开。

1898 年，皮克林雇用勒维特（Henrietta Swan Leavitt，1868—1921）作为计算员。勒维特和坎农一样，因为一场疾病而失去了听力，但她似乎恢复得并不好，无法全力投入工作。因此皮克林没有让她参与最重要的光谱分析工作，而是把哈佛天文台秘鲁观测站拍摄的大、小麦哲伦云数据交给她，让她分析视场中星体的亮度。勒维特从中发现了 1 777 颗亮度变化的恒星——变星，这直接使当时天文学家们所知道的变星总数翻了一倍。在这些变星中，她发现一类以造父一为代表的特殊变星——造父变星，它们的亮度与变化周期直接相关，这被称为“周光关系”。这是一个非常重要的发现。传统的三角视差法只能测定比较近的距离，当天体距离超过 300 光年时，测量误差就大于真实的角度变化了。

哈佛天文台计算员工作场景

所以虽然早在 1838 年天文学家们已经能够测出恒星的距离，但在半个世纪之后，绝大部分恒星的距离仍远得无法估计，宇宙的尺度更是无从谈起。今天我们知道，光是银河系的半径就有 5 万光年，三角视差法显然远远不够。造父变星周光关系的发现让天文学家们有了新的可靠方法来测量更遥远的距离，这无疑是个巨大的突破。可惜的是，勒维特的健康状况一直不好。当美国天文学家哈勃在 1923 年利用这个规律得到仙女星系到地球的距离，作出举世瞩目的发现时，勒维特已经辞世两年了。

在 1911 年弗莱明夫人因肺炎去世后，坎农接替了她底片总监的位置，开始按照新的光谱分类对全天暗至 9 等的 20 多万颗恒星进行系统整理。她每个月要完成 5 000 多颗恒星的分类，为了加快速度，她只负责检查照相底板，报出光谱类型，由一旁的助手记录，这样最快的时候一分钟能辨认 3 颗。即便如此，她直到 1915 年才完成全部的分类工作。由于还要核对天体位置，分类结

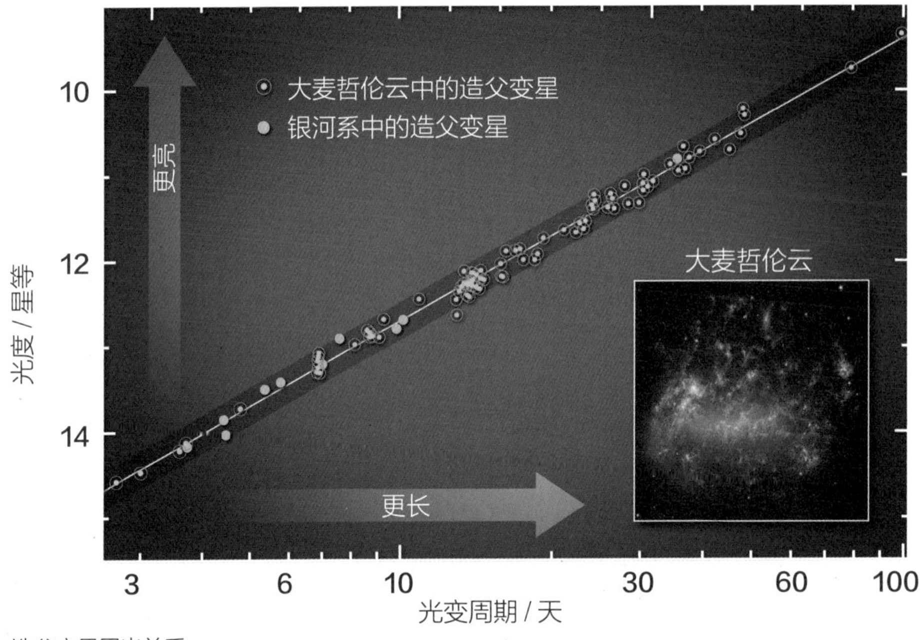

造父变星周光关系

果直到 1918 年才开始陆续发表。此时项目的资助人德雷珀夫人已经去世 4 年了，担任了 42 年台长的皮克林也在一年后与世长辞。坎农只得独立担负起汇编星表的重任。1924 年，她终于完成了八卷的《亨利·德雷珀星表》（*Henry Draper Catalogue*，HD，编号 III/135A），这一版包括 225 300 颗恒星的数据，历元归算到 1900 年，极限星等为 8.5 等。这是世界上第一个收录恒星光谱的大规模星表，也正是这个星表确立了恒星光谱哈佛分类法的历史地位。在接下来的十年里，她又对这个星表进行了修订和扩充。在 1936 年完成了《亨利·德雷珀扩充星表》（*The Henry Draper Extension*，HDE），星数达到 272 150 颗，仍以 HD 为前缀进行编号。在这之后坎农又计划将星表扩充到更暗的星等，但是因为第二次世界大战时期经济困难，工作进展缓慢。坎农在 1941 年与世长辞。她的继承者，另一位女天文学家梅奥尔（Margaret Walton Mayall，1902—1995）整理完成了其余的部分，增加了 86 933 颗恒星的位置、星等、自行和光谱等数据，在 1949 年发表，称作《亨利·德雷珀增补星表》（*Henry Draper Extension Charts*，HDEC，编号 III/182）。

坎农在哈佛天文台办公室

1880—1950 年间，仅美国哈佛天文台就拍摄了近 50 万张玻璃底片，重达 300 吨。这些图像经过几代女性天文学家组成的计算员团队的目测尺量、手抄笔录，化为星表数据，供全世界天文学家比对参考、分析研究。她们为之奉献的心智与年华永远值得我们尊敬和感激。

天文摄影技术的成熟和光谱仪的运用大大加深了天文学家对星空的认识，但为目视观测设计建造的传统望远镜并不方便仪器记录，这两项技术都需要更大的望远镜才能发挥威力。借助更大口径的天文望远镜，天文学家们就能看到更多的天体，记录下更多细节，触及宇宙的更深处。

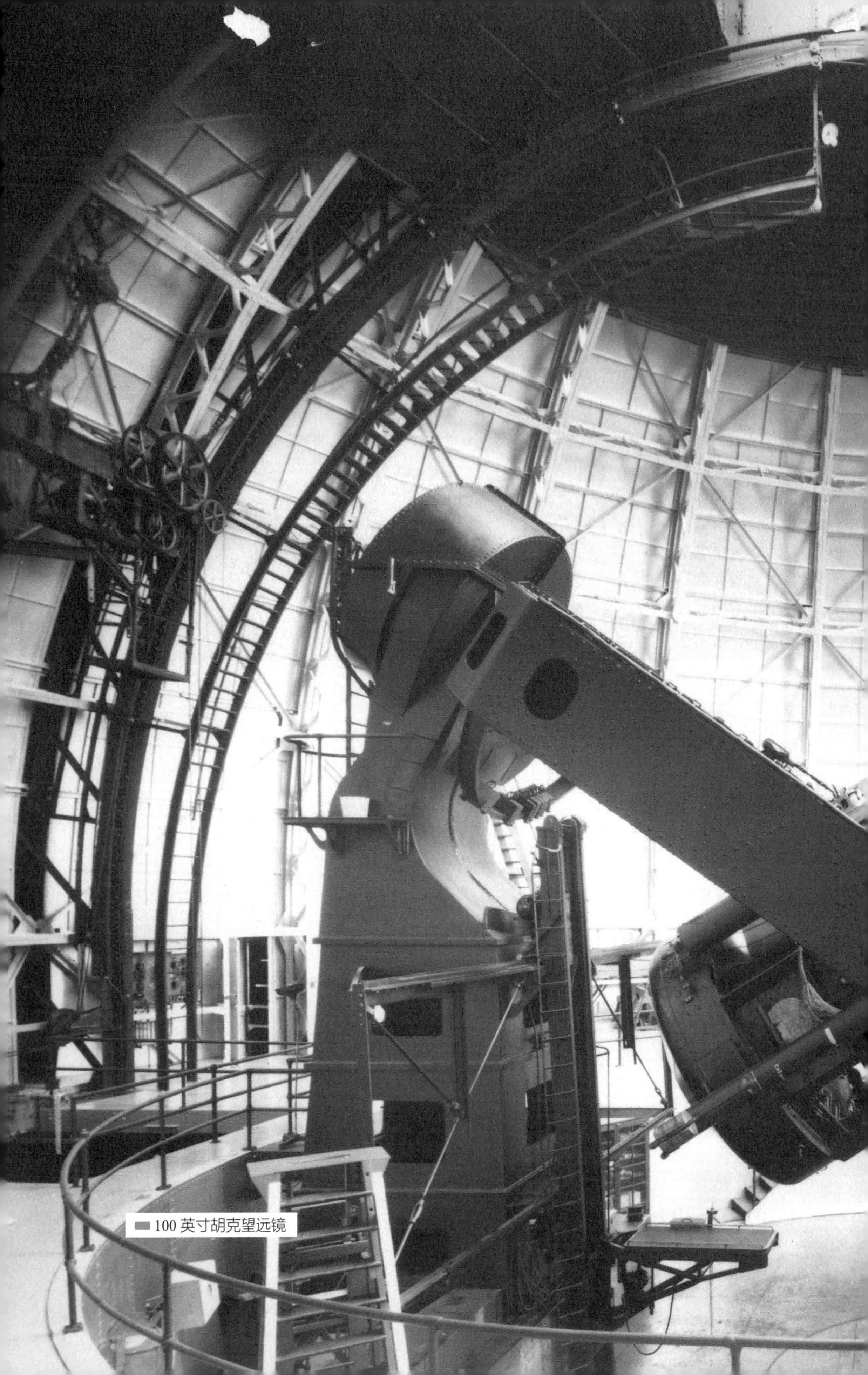

100 英寸胡克望远镜

第七章

大望远镜时代

1845年，爱尔兰罗斯勋爵在自己的城堡前建造完成了大型反射式望远镜“列维坦”，它72英寸（1.8米）的巨大口径在长达半个多世纪的时间里无人能及。由于研制时还没有成熟的镀银技术，镜面是用合金铸成的，质量超过3吨，反射率不高，操作维护也非常不便。牛顿发明的金属反射望远镜此时遇到了瓶颈。随着玻璃制作工艺的进步，透镜的性能有了很大提高，折射望远镜又重新获得了关注。

1801年，普鲁士慕尼黑附近的一家玻璃作坊突然倒塌，负责救援的巴伐利亚选帝侯马克西米利安一世（Maximilian I，1756—1825）从废墟中救起一个14岁的孤儿。他格外照顾这个可怜的孩子，不仅为他提供书籍和资助，还把他送往附近的修道院学习光学工艺。这个孩子也没有辜负他的期望，很快成长为一名优秀的光学技师，他的名字叫夫琅和费。1818年，夫琅和费成为修道院光学部门的负责人，凭借自己出众的才智和精湛的技艺，让普鲁士超越英国，成为欧洲的光学仪器制造中心。1824 年，他应俄国著名天文学家斯特鲁维的邀请，为塔尔图（Tartu，现爱沙尼亚境内）天文台建造了一架口径为 24 厘米的折射望远镜，这是当时全世界口径最大的折射望远镜，以优良的成像质量和精巧的设计刷新了人们对折射望远镜的陈旧印象。各国的订单源源不断地涌来，而夫琅和费却因为在制作玻璃的过程中大量接触重金属蒸气，两年后便过早地离开了人世。他的工房继承了他的技艺，为天文界提供了许多高质量的折射望远镜。1829 年，柏林天文台买

柏林天文台 24 厘米折射望远镜

到一架与塔尔图天文台相同的 24 厘米折射望远镜，后来用它首次确认了海王星。贝塞尔和斯特鲁维也都用夫琅和费工厂的设备来测量恒星视差。哈佛大学 1847 年订购的 38 厘米折射镜更是创造了折射望远镜口径的新纪录……不过接下来几十年间，欧洲各国忙于对外扩张，战事不断，夫琅和费开创的事业也日渐凋敝，美国后来居上。

在 1851 年伦敦第一届万国博览会上，用摄影术拍摄的月球照片造成了轰动，激起了人们的广泛热情，各个大学、研究所甚至富豪都开始竞相建造更大的望远镜，以求青史留名。名不见经传的美国画家克拉克（Alvan Clark，1804—1887）凭着兴趣开始研究折射望远镜的制造工艺，很快他就以精湛的技术赢得了世人的瞩目。他和两个儿子成立了公司，以建造大型折射镜闻名于世。19 世纪后半叶几架最大的折射望远镜都出自他们之手。他们先是在 1860 年前后为密西西比大学制作了一架 18.5 英寸（47 厘米）的折射望远镜，却因为美国内战爆发无法交接，芝加哥大学近水楼台，将其买走，放在迪尔伯恩（Dearborn）天文台。随后他们接连建造了洛厄尔天文台 24 英寸（61 厘米）折射望远镜、美国海军天文台的两架 26 英寸（66 厘米）折射望远镜（发现火星卫星）、沙俄普尔

洛厄尔天文台 24 英寸折射望远镜

美国海军天文台 26 英寸折射望远镜

1921 年，爱因斯坦（右数第七位）参观叶凯士天文台 40 英寸望远镜时与众人的合影

利克天文台 36 英寸望远镜

科沃天文台（Pulkovo Observatory）的 30 英寸（76 厘米）望远镜、美国利克天文台的 36 英寸（91 厘米）望远镜（发现木卫五）……在 1897 年，他们甚至为芝加哥叶凯士天文台完成了一架 40 英寸（102 厘米）的望远镜。这个口径的折射望远镜，无论对镜面的冶炼标准，还是对镜体的操控要求都已经达到了当时的技术极限。事实上，直到今天它仍然是世界上口径最大的折射望远镜。不过，罗斯勋爵在 1845 年用反射式望远镜创造的世界纪录仍没有被打破，要制造更大口径的望远镜，只能另辟蹊径。

在叶凯士天文台的建造过程中，一位年轻的天文学家崭露头角。他从富商叶凯士（Charles T. Yerkes，1837—1905）那里拿到赞助，选定台址，完成基建，参与望远镜的设计和制造，完成后又担任台长负责机构运行——他就是 29 岁的乔治·海尔（George E. Hale，1868—1938）。这位早慧的青年带领美国天文界在全球天文台的“装备竞赛”中站到了时代的最前列。叶凯士天文台只是他远大抱负的第一步。事实上，在叶凯士天文台的 40 英寸（1.02 米）望远镜举行落成典礼的时候，他的父亲——美国电梯大亨威廉·海尔（William Ellery Hale，1836—1898）作为礼物送给他的 60 英寸（1.52 米）反射镜镜坯已经从法国运到了天文台，但此刻他还没有完全准备好。

1902 年，新成立的卡耐基研究所决定向乔治·海尔赞助 1 000 万美金用于科学研究。这笔巨款让乔治·海尔有了一个更大胆的计划。这时新型的反射望远镜设计已经在叶凯士天文台测试成功，而且观测结果表明他需要一个更好的台址来发挥大望远镜的威力。于是他决定辞去叶凯士天文台台长的职务，带着一群助手到观测条件更好的威尔逊山建立一个新的天文台。他在威尔逊山下帕萨蒂纳（Pasadena）镇上的一个职业学院里谋得一个校董的位置，在为天文台奔波之余，还为这个学院建设贡献才能（这个学院就是后来的“美国加州理工学院”）。1908 年，60 英寸（1.52 米）的新型反射望远镜投入使用，效果十分理想。后来美国天文学家沙普利就是利用这架望远镜弄清了银河系的结构。但乔治·海尔已经迫不及待想把成功的经验应用到更大的望远镜上，登上世界最大望远镜

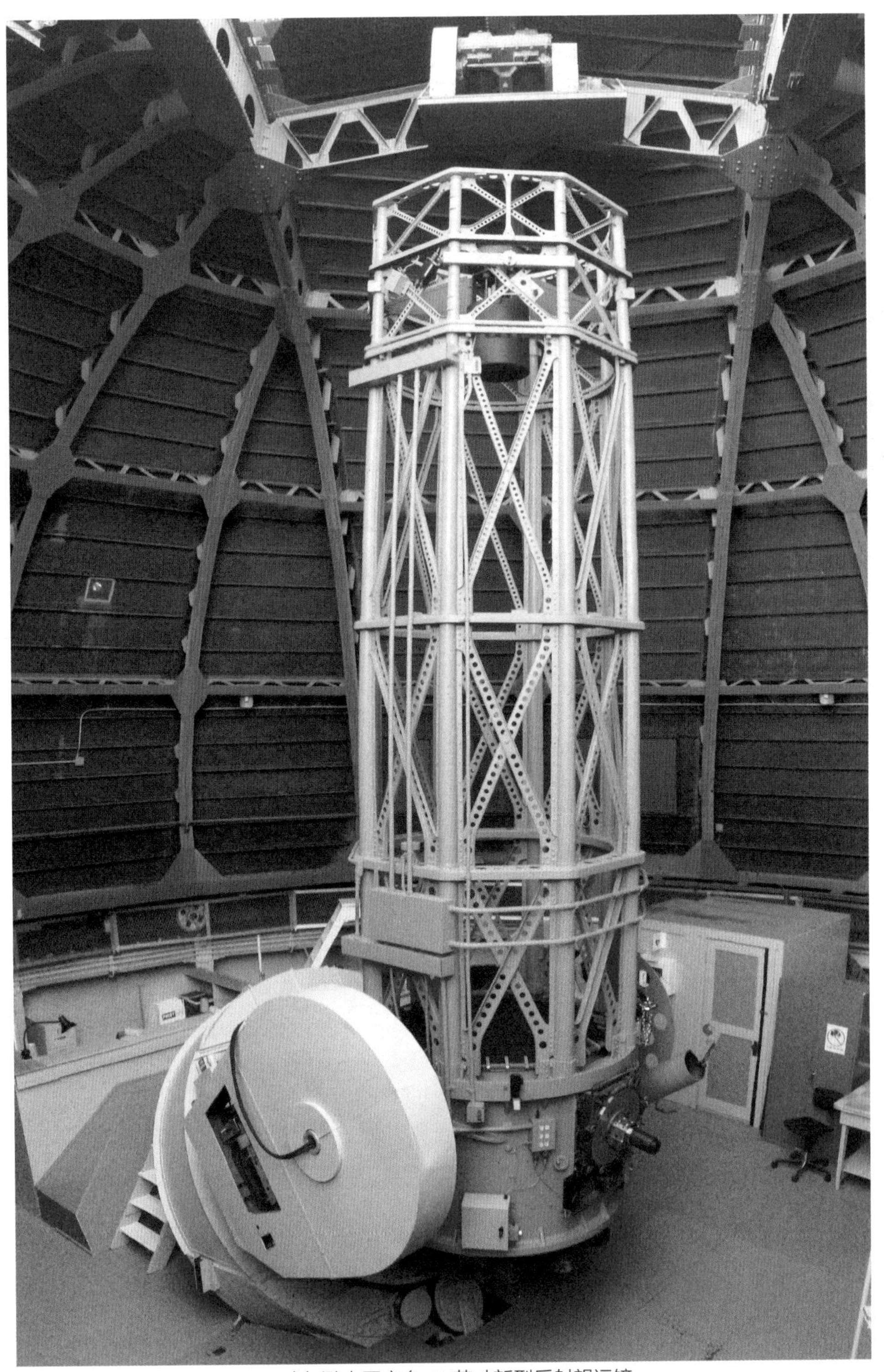

威尔逊山天文台 60 英寸新型反射望远镜

100 英寸胡克望远镜

的顶峰。还未等 60 英寸望远镜完工，他又说服另一个富商胡克（John Daggett Hooker，1838—1911）出资购买镜片，启动 100 英寸（2.54 米）望远镜的设计制作。在克服了大口径镜面浇注、资金困难，以及第一次世界大战等重重困难之后，胡克望远镜终于在 1917 年落成，哈勃就是用它测量出地球到仙女星系的距离，发现河外星系和宇宙膨胀，成为近代天文学巨星。

这两架望远镜的成功给乔治·海尔赢得了无数的荣誉，虽然他已拥有了世界上最大的望远镜，但他并没有就此止步，仍要挑战技术的极限。在退休后他又说服洛克菲勒基金会捐资建造一个 200 英寸（5.08 米）的望远镜。但是由于洛杉矶城市规模的迅速扩张，威尔逊山的光害日益严重，于是他在威尔逊山南部海拔 1 713 米的帕洛玛山上买下了地皮作为新台址。另外，胡克望远镜投入使用不久，大家就发现平板玻璃的膨胀系数较大，在温度变化下变形太多，直接影响大型望远镜的成像质量。他转而采用纽约康宁公司（Corning Incorporated）新

康宁公司镜坯生产流程示意图

开发的膨胀系数更小的硼化玻璃。一边是镜坯的浇注、冷却、抛光，另一边是新台址的紧张建设，但是乔治·海尔已经等不到完成的那一天了，他在 1938 年离开人世。1941 年，日本偷袭珍珠港，美国全面进入战争，帕洛玛天文台的建设也陷入了停滞……

建造中的 5.08 米望远镜远远超出它所在的时代，它在 1948 年最终落成，将世界最大望远镜的纪录保持了近半个世纪。为了纪念乔治·海尔，这架望远镜被命名为海尔望远镜。

虽然有了世界上最大的望远镜，但是没人知道该用它来看什么。当时不仅没有合适的星表作为观测的参考，甚至找不到足够暗弱的天体作为观测目标，因此建造一台能够协同工作的大视场望远镜成为接下来的重要目标。被胡克望远镜吸引到美国来的德国天文学家巴德（Walter Baade，1893—1960）就在这时

200 英寸海尔望远镜

1948 年海尔望远镜落成典礼

海尔望远镜拍摄的 M51

第一次将仙女座星系分解为单个恒星。他还带来了一项新的发明——施密特望远镜，这是他德国同事施密特（Bernhard Schmidt，1879—1935）的天才发明。这个设计能以相对较小的口径获得巨大的视场，特别适合巡天观测。帕洛玛天文台先完成了一个 18 英寸（45.7 厘米）的小施密特望远镜用于测试，发现效果很好。于是在 1948 年完成了当时世界上最大的 48 英寸（1.22 米）施密特望远镜。这架望远镜有着 36 平方度的超大视场，专门用于巡天。1949 年，帕洛玛天文台在美国国家地理协会的资助下，启动了对北天的系统观测，称为帕洛玛巡天（Palomar Observatory Sky Survey，POSS）。每个天区用红敏和蓝敏两种底片分别记录，以便估计天体光谱类型，其中红敏底片曝光 50 分钟，蓝敏底片曝光 10 分钟，一晚上最快也只能拍几组而已，还受到天气和仪器状态的影响。8 年之后，终于实现了赤纬 +90° 到 −27° 天空的完全覆盖，共用底片 937 组，极限

哈勃用 48 英寸施密特望远镜观测

星等达到 22 等，该星表库一出版便成为各国天文台必备的参考资料。底片参数在星表库中编号为 VI/25。

与此同时，帕洛玛巡天的南天部分进展缓慢。虽然澳大利亚天文学家怀特奥克（J. B. Whiteoak）后来又在这台 48 英寸施密特望远镜上以较短的曝光时间为南天补拍了 100 张红敏照片，将星图覆盖范围扩大到赤纬 −45°，不过受地理纬度的限制，剩下的天空只有等待新望远镜来完成。

1973 年，英国在澳大利亚赛丁泉天文台建造的 48 英寸（1.22 米）施密特望远镜（1988 年归入英澳天文台 AAO）完工，几乎就在同时，欧洲南方天文台（ESO）也在智利完成了一架 40 英寸（1.02 米）口径的施密特望远镜，双方在协商后展开了对南天的联合巡天。截至 2005 年，英澳天文台和欧洲南方天文台合作完成了 606 组底片构成的《南天巡天》（*ESO/SERC Southern Sky Survey*，编号 VI/30A），覆盖了从赤纬 −17° 到 −90° 的天区，英澳天文台还补充了 288 组底片构成的《赤道巡天》，（*SERC Equatorial Sky Survey*）。帕洛玛天文台则完成了包括 897 组底片的北天巡天，即《第二期帕洛玛巡天》（*Second Epoch Palomar Oschin Schmidt Sky Survey*，缩写为 POSS II，编号 VI/114），从而实现了真正的全天覆盖。这是最后一个使用照相底片的巡天项目。

对于恒星研究来说，图像并没有包含多少额外的信息，即使是在最大望远镜的视场中，恒星也只呈现为简单的光点，可以用坐标和亮度进行准确的描述。但是对于天空中的星云、星团和星系等延展天体来说，单凭文字来描述实在太困难了，图像是不可或缺的一手研究资料。

eROSITA 半年巡天结果

第八章

各类展源

英文中的“星系”（Galaxy）一词原意是“牛奶之路”（Milk Way），本是银河系的专用名称。18 世纪，天文学家们在望远镜中看到的云雾状模糊天体被统称为“星云”（Nebula）。早期的观测者们就曾注意到这些“星云”在天空中的分布并不均匀，它们在个别方向上比较集中。这也许只是巧合，也许另有深意，但他们找不到更多的线索。

19 世纪末，照相术让天文学家们得以客观地研究这些暗弱的天体。德国天文学家沃尔夫（Max Wolf，1863—1932）在 1901 年借助海德堡大学天文台的大视场望远镜偶然发现后发座集中着大量的“星云”。他在半度的视场内（相当于满月大小）数出了 108 个“星云”，将这个古老的问题重新摆到众人面前，为什么这里的“星云”如此之多？要解开这个谜团，首先要弄清这些天体是否在银河系内。

1920 年，美国国家科学院举办了一场关于“宇宙尺度”的公开辩论，集中体现了当时学界在此问题上的分歧。执掌威尔逊山天文台 1.52 米望远镜的天文新秀沙普利认为银河系很大，这些“星云”都在银河系内，而来自利克天文台的资深天文学家柯蒂斯（Heber Doust Curtis，1872—1942）则坚信它们远在银河系之外，而

沙普利

柯蒂斯

太阳则是银河系的中心，于是这场世纪大辩论也被称为沙普利－柯蒂斯之争。双方的论据其实都不是那么确凿，观点也和现代的认识各有出入，所以这场辩论并没有分出胜负，只是让这个问题得到了更广泛的关注。不过沙普利的表现让他获得了更好的就业机会，接替不久前去世的皮克林担任哈佛天文台台长。

1923 年，爱德文·鲍威尔·哈勃（Edwin Powell Hubble，1889—1953）用当时世界上口径最大的 2.54 米胡克望远镜在“仙女座大星云”中找到了造父变星，并根据勒维特给出的周光关系定出了它到地球的距离。哈勃发现这个“星云”的距离超过 100 万光年，绝对不可能在银河系内。这一发现彻底改变了我们对宇宙的认识，之前人们一直以为银河系就是整个宇宙。德国哲学家康德曾将银河系外的系统称作“岛宇宙”（Island Universe）。这无疑是个诗意的名称，但是这些“岛宇宙”所在的更广阔的时空又该如何称呼呢？而英文中的宇宙（universe）一词已经代表了人类认知的全部世界，没有更高一级的名称了。于是“宇宙”的界限便从银河系扩展到所有已知的“岛宇宙”，那些远在银河系之

仙女星系中的造父变星

外的“星云”被称作“河外星云”（Extragalactic Nebula）以示区别。但天文学家们很快意识到，将这些比整个银河系还要壮阔的天体同银河系内真正的“星云”混为一谈并不合适，于是**将银河系的专有名词 galaxy 作为星系的统称，而在需要特指银河系的时候采用大写形式 Galaxy，而星云则专门指代星系内部那些由气体和尘埃构成的云团。**

星系距离的测定结束了多年的争论，同时也开启了新的时代。要研究星系这一类全新的天体，首先要收集足够多的样本。天文学家们开始在之前的星云表中系统检查混入的星系。《梅西叶星云星团表》中有 40 个星系、56 个星团和 10 个真正的星云，《星云星团新总表》中有超过 6 000 个星系……这些天体的存在把我们所认知的宇宙从一个恒星的丛林变成了星系的群岛。我们迫不及待想知道这些形态各异的星系是如何形成和演化的，这关乎我们银河系的过去与未来。

哈勃在发现了河外星系之后，提出了一个简洁的形态分类系统——“哈勃序列”（Hubble Sequence）。他根据星系核心的聚集程度以及是否具备旋臂特征，将当时已知的星系类型整理为一个连续分布的序列，试图为星系形态的多样性建立一个统一的解释。虽然他当年提出的星系演化理论后来被证明并不成立，但这个音叉形的哈勃序列图仍然正确反映了星系的一些物理属性，因此直到今天仍在使用。

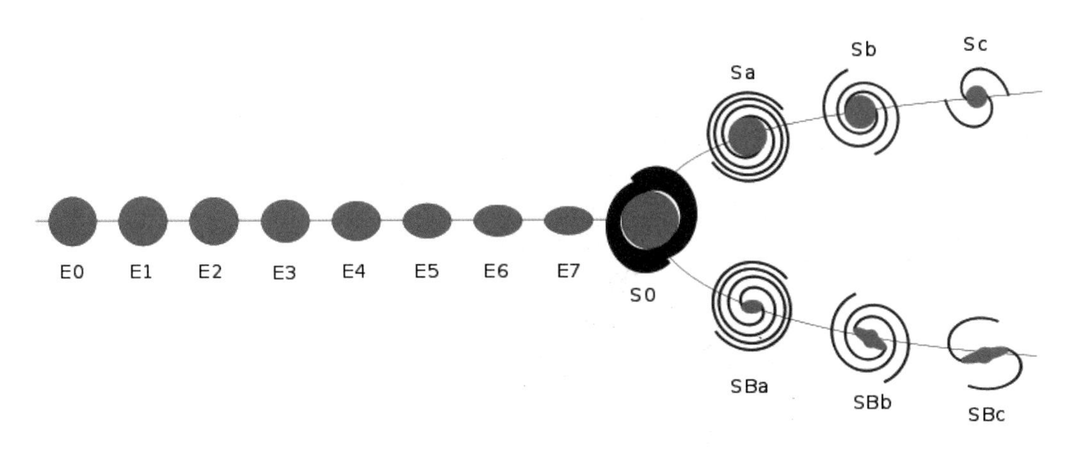

简化的哈勃序列图

单个星系演化的时间很长，数千年的人类文明只不过是它几十亿年漫长生涯之中的一瞬。为了揭开星系演化的秘密，我们只能观测大量拥有不同质量、处于不同演化阶段的星系，以此来推测星系一生的经历。早在 1932 年，哈佛天文台台长沙普利和助手埃姆斯共同完成了一个包含 1 249 个亮度高于 13 等星系的列表。在当时的技术条件下，光是拍摄单个暗星系的照片就需要 1 小时以上的曝光时间，编制这个星系表花了他们 6 年的时间。

后来随着技术的进步，天文学家们使用的望远镜口径越来越大，摄影底片的灵敏度越来越高，但是同类工作并没有因此变得轻松，因为能被记录下来的

■ 德沃古勒夫妇

星系也越来越多，整理的任务反倒愈加繁重起来。法国著名星系学家德沃古勒夫妇（Gérard de Vaucouleurs，1918—1995；Antoinette de Vaucouleurs，1921—1987）先后在 1964 年、1976 年、1991 年三次发表《亮星系参考星表》（*Reference Catalogue of Bright Galaxies*）。第三版简称 RC3，编号 VII/155，记录了全天两万多个暗至 15 等的星系的位置、颜色、星等、形态分类、运动速度等基本信息。

有同样想法的天文学家不止他们两位。两位苏联的天文学家沃隆佐夫－威廉明诺夫（Boris Vorontsov-Velyaminov，1904—1994）和阿尔希波娃（Vera Petrovna Arkhipova，1935—）也在 1962—1974 年间根据帕洛玛巡天数据整理出一个《星系形态表》（*Morphological Catalog of Galaxies*，MCG，编号 VII/62A），包含 3 万多个星系，暗至 15 等。1973 年，瑞典天文学家尼尔森（Peter Nilson，1937—1998）使用帕洛玛巡天的数据编撰了另一部星系总表，包含 1 万多个星系，因为最初提交给瑞典乌普萨拉（Uppsala）当地的学会，故称《乌普萨拉星系总表》（*Uppsala General Catalog of Galaxies*，UGC，编号 VII/26D），后来欧洲南方天文台又在南天进行了互补的巡天，使之成为较为完备的星系列表。这些独立编制的星系表中包含许多相同的天体，但对它们的观测和整理并不是重复劳动，而是重要的交叉检验，可以避免研究者个体经验差异所引起的误差。不过大量星系分散在不同的列表和出版物中确实不便于后续的查询和研究。

1983 年，法国里昂天文台启动了一个名为“里昂 - 墨东河外数据库”（Lyon-Meudon Extragalactic Database，LEDA）的项目，将此前已有的 NGC、IC、MCG、UGC 等数十个星系表以及文献中的星系观测记录汇集在一起，供研究者查询使用。经过多年的整理，1989 年，法国里昂天文台的帕蒂雷尔（Georges Paturel）等人将这个数据库的主体部分以《主星系表》（*Principal Galaxy Catalogue*，PGC, 编号 VII/119）为名公开发表，包含 73 197 个星系的位置、亮度、形态、视向速度以及在不同星表中的名称等信息。正是因为这项工作，在不同历史时期、不同天文学家的记录中，以不同名称出现的同一个星系才终于被联系在一起。我们可以方便地知道哈勃用于测量宇宙尺度的“仙女座大星系”，就是梅西叶看到的 M31，也是赫歇尔编号的 NGC 224，在《乌普萨拉星系总表》中是 UGC 454，在《主星系表》中是 PGC 2557。这个为星系研究提供便利的项目一直在继续。2003 年，里昂天文台的帕蒂雷尔等人发表了更新的 PGC 星表，称为 PGC 2003，或者叫 HyperLEDA（编号 VII/237）。新版 PGC 星表的规模扩大了十多倍，达到近百万（983 261）个星系，星等也暗至 18 等。这不仅要归功于天文观测技术的进步，也得益于计算机技术的快速发展。

在通用的星系总表之外，还有一些专注于特殊类型的专用星系表。特别值得一提的是美国天文学家阿尔普（Halton Arp，1907—2013）在 1966 年出版的《特殊星系图集》（*Atlas of Peculiar Galaxies*）。这个图册收录了阿尔普利用 5.08 米海尔望远镜拍摄的 338 个奇形怪状的星系。当时许多人都认为这些星系的奇怪形状不过是由于望远镜的缺陷或者观测者的人为错误造成的，不值得在意，但阿尔普坚持认为它们有着特殊的研究价值。今天我们知道，它们主要是

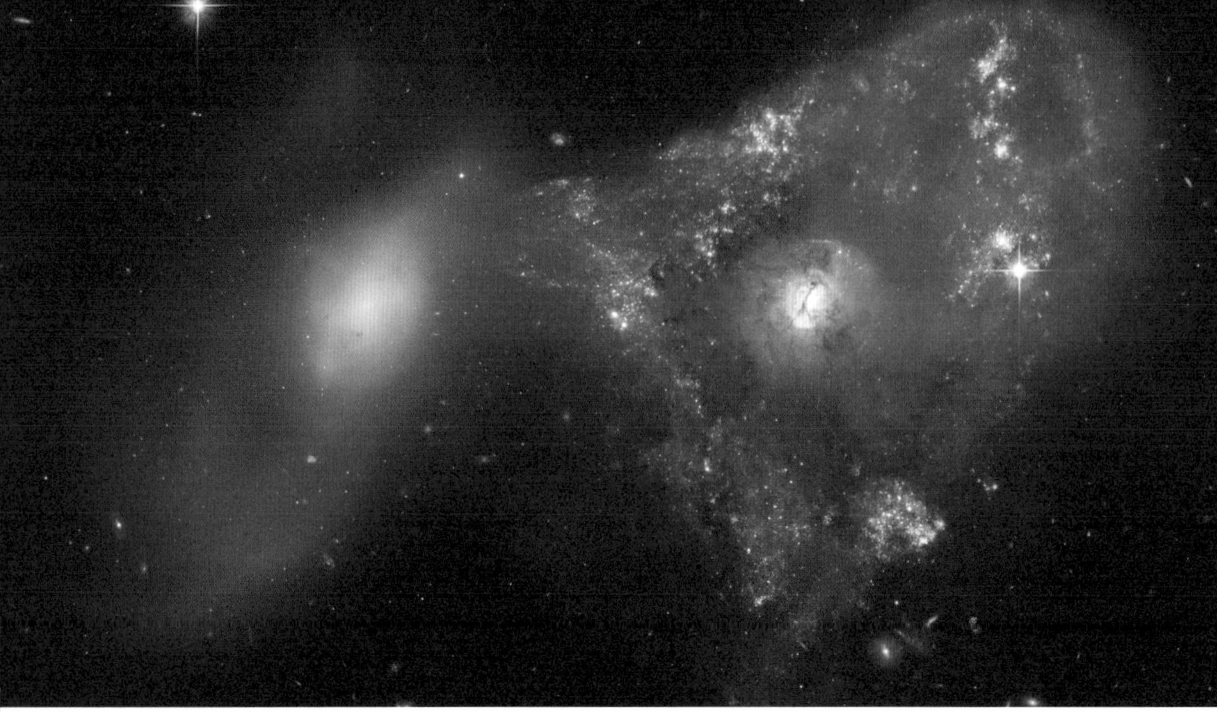

相互作用的星系 Arp 143

由于正在经历碰撞或者相互并合而偏离了正常的形态，代表星系演化过程中的一个罕见阶段，具有重要的研究价值。这类星系缩写为 Arp，在星表库中编号为 VII/74A。

星系的形态和亮度固然重要，星系的光谱则能提供额外的重要信息，如红移。**星系红移指星系在视线方向上的运动所造成的谱线向红端移动的现象。**1929 年，哈勃正是根据星系的红移和距离发现整个宇宙都在膨胀，改变了人类长久以来认为宇宙稳定不变的观念。在此之后，天文学家们又多了一个估计距离的方法——哈勃 - 勒梅特定律[1]，这个定律指出**星系距离越远，红移越大**。不过星系的红移并不容易测量，因为它们的光线不像恒星那样聚集于一点，而是经过光谱仪分光之后信号非常微弱，这使得星系光谱的获取效率非常低，成本也相当高昂。较暗的星系可能要用大口径望远镜经过数小时的曝光才能得到一条可用的光谱。直到 20 世纪 70 年代，天文学家们才拥有合适的技术条件进行星

[1] 这条定律最初称为哈勃定律，2018年10月，经国际天文学联合会表决通过更改为现名，以纪念更早发现宇宙膨胀的比利时天文学家乔治·勒梅特。

系光谱的系统拍摄，最关键的技术就是“光纤”。1970 年，那个曾为海尔望远镜生产镜坯的玻璃巨头——康宁公司在实验室第一次做出了理想的光纤，拥有非常低的信号损耗。1979 年，康宁公司建成世界上第一家光纤制造工厂并开始批量生产光纤。借助光纤，天文学家们就能够将星光从望远镜后端导出，不必把笨重的光谱仪装在望远镜后端有限的空间中，甚至可以连接多个光谱仪，同时拍摄多个目标的光谱。

不过天文学家们没有等待新技术发展成熟就开始了他们的探索。1977 年，美国哈佛大学史密松森天体物理中心（Harvard-Smithsonian Center for Astrophysics，CfA）的戴维斯（Marc Davis，1947— ）等人决定开展 CfA 红移巡天，对北天所有亮于 14.5 等、受银河消光影响较小的星系进行光谱测量，希望以此构建银河系附近宇宙的三维结构。他们使用传统的狭缝分光和底片曝光技术，花了 5 年时间得到了 2 401 个星系的红移数据。当他们画出这些星系的三维空间分布时，看到了一个未曾预料的结果——星系在宇宙中并非随机分布，而是连成一个类似海绵的网状结构。这是人类第一次看到**宇宙的宏观结构。众多星系在微弱的引力作用下相互连接，构成宇宙的骨架，星系团则是这个骨架的关节。宇宙中所有的物质，从尘埃、分子云到星团、星系都附着在这个物质网上，被引力加热发光。在此之外，尽是虚空。**

CfA 红移巡天的发现开启了一个全新的研究方向——宇宙大尺度结构。天文学家们迫切需要更多星系的红移数

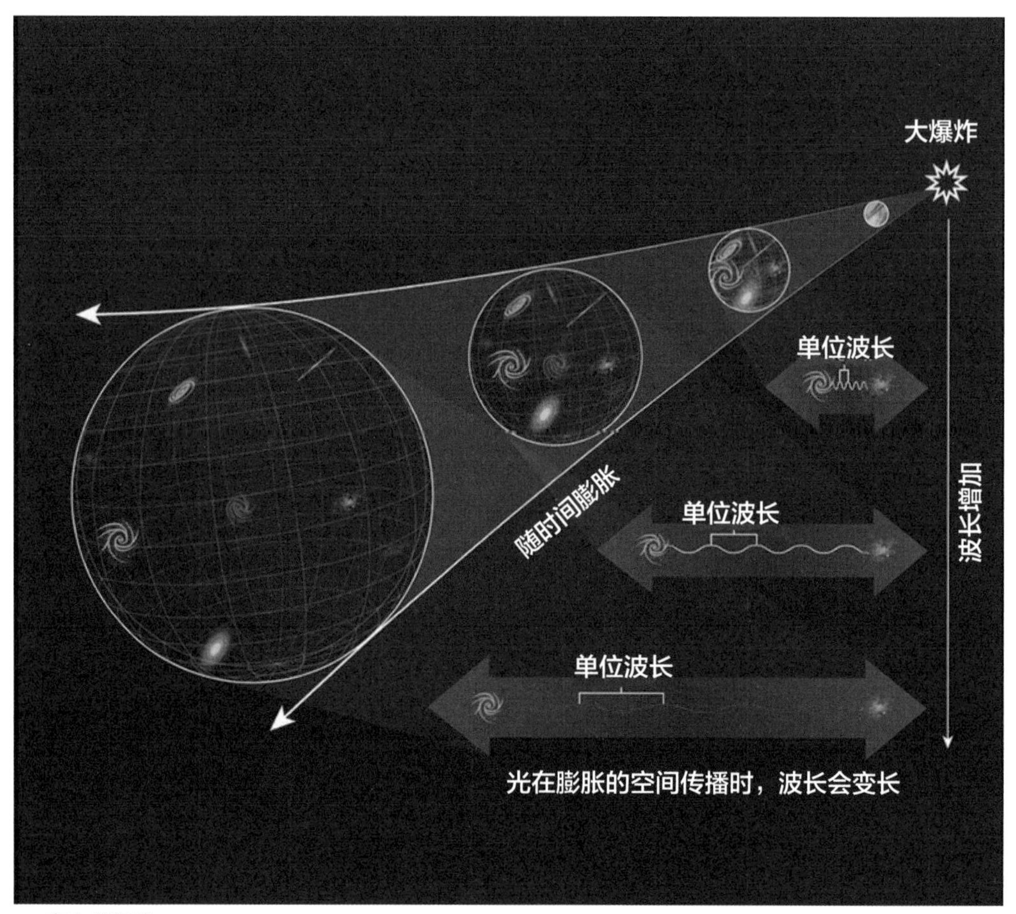

宇宙学红移

据来了解宇宙的面貌。1985 年冬天，胡克拉（John Huchra）和盖勒（Margaret Geller）紧接着开启了第二期 CfA 红移巡天。到 1995 年为止，CfA 红移巡天已经整理汇总 57 000 多个星系的红移数据（编号 VII/193）。由于观测条件的限制，CfA 所选的星系都在北天。

位于澳大利亚的英澳天文台利用光纤专门制作了一个能够在 2 度视场内同时拍摄 400 个目标光谱的光谱仪，放在 1.22 米口径的施密特望远镜上，这极大提高了光谱的获取效率。他们于 1998 年启动 2 度视场星系红移巡天（2dF

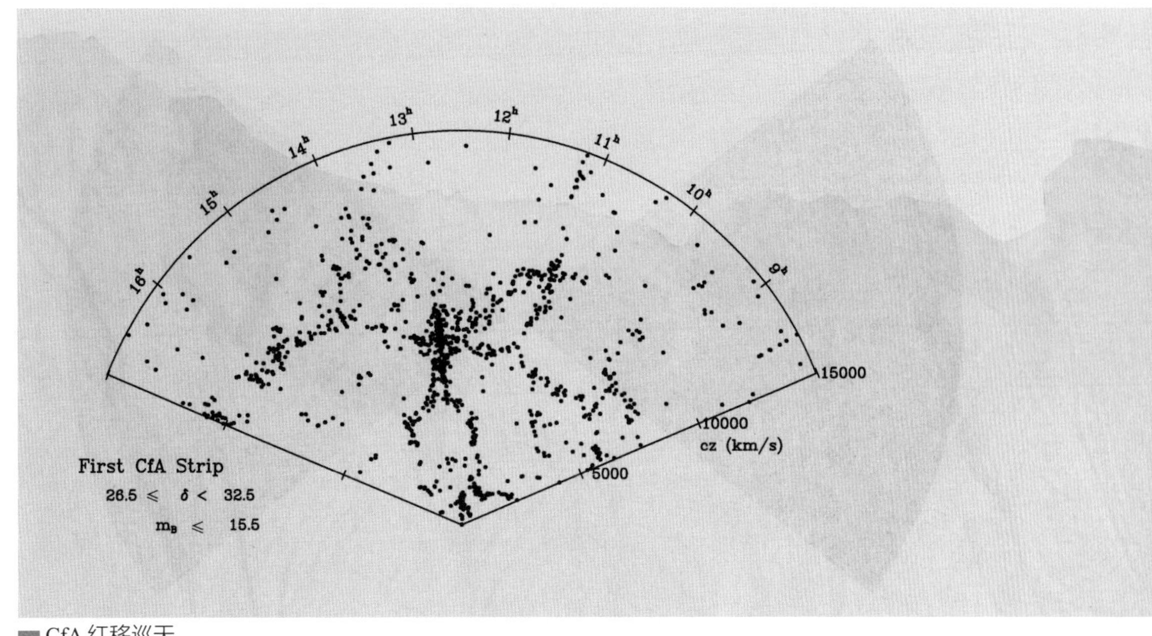

CfA 红移巡天

Galaxy Redshift Survey），只用了 3 年时间就在北银极 [1]、南银极和南银极附近天区获取了 10 万多条光谱（编号 VII/226），到 2003 年共拍摄 24 万多个星系，获得超过 22 万个星系的可靠红移数据（编号 VII/250）。接下来，他们对这个系统进行了升级，将 2 度视场星系红移巡天改造为拥有 150 根光纤、覆盖 6 度视场的自动光谱仪——称为 6 度视场星系红移巡天，视场扩大了近 9 倍，可以更有效地进行巡天。6 度视场星系红移巡天在 2001—2006 年的 6 年时间里，完成了对整个南天高银纬 [2] 区域近 1.7 万平方度天区的巡天工作，获得了超过 12 万条光谱（编号 VII/259），揭示出比 CfA 巡天更深处的宇宙结构。

---

[1] 银极：银河系自转轴所指的方向，因为银河系是盘状结构，两极方向的恒星和气体最少，适合观测遥远的星系。

[2] 银纬：以太阳为中心，并且以银河系明显排列群星的平面为基准的天球坐标系统，称为银道坐标系，其“赤道”是银河平面，相似于地理坐标，银道坐标系的位置也有经度和纬度，称为银经和银纬。

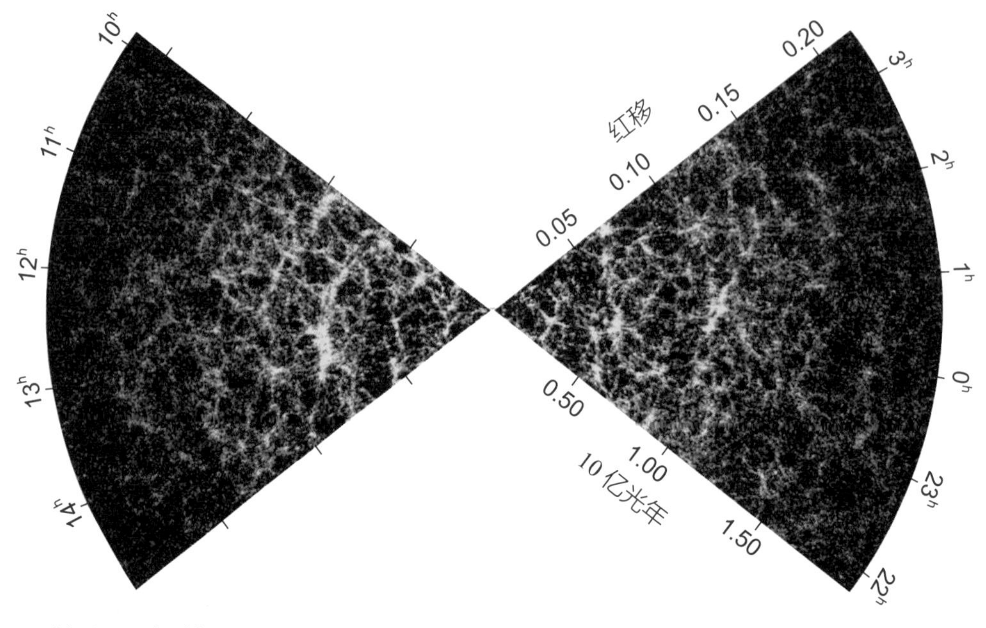

2 度视场星系红移巡天

除了数量众多的星系之外，星云和星团也是天文学家们关注的目标。美国天文学家巴纳德（Edward Emerson Barnard，1857—1923）是天文摄影的先驱，他率先使用照相底片来研究银河系的形态，他在长时间曝光的底片上发现星际空间中也弥漫着许多云气。巴纳德在 1919 年整理发表了包含 182 个暗星云的星表，1927 年问世的遗作《银河选区摄影图集》将这个列表扩充到 349 个（编号 VII/220A）。1962 年，美国女天文学家林茨（Beverly Turner Lynds，1929—）利用帕洛玛巡天数据将这类天体扩充到 1 791 个，为银河系内的气体和分子云研究提供了绝佳的样本，这个列表就是《林茨暗星云表》（*Lynds' Catalogue of Dark Nebulae*，LDN，编号 VII/7A）。在此之后，林茨又于 1965 年完成了《林茨亮星云表》（*Lynds' Catalogue of Bright Nebulae*，LBN，编号 VII/9）。不过在林茨编制星云表时，帕洛玛巡天只完成了北天的部分，南天的暗星云表直到 1986 年才由负责英澳天文台施密特望远镜的哈特利（Malcolm Hartley，1947—）等人完成，这个在星表库中编号为 VII/191 的《南天暗星云表》包含了 1 101 个目标，并给出了它们的位置、大小和密度估计。

■ 马头星云（Barnard 33，暗星云）

■亮星云 LBN 114.55+00.22

球状星团 M80

球状星团是一类形状规则且致密的恒星集团，在银河系中数量不多，但分布较为均匀。当年沙普利正是根据球状星团的分布正确估计出太阳系在银河系中的位置。《梅西叶星云星团表》中包含了 29 个球状星团，在《星云星团新总表》中增加到了 107 个。1965 年，阿尔普在一篇综述文章的附录中整理了 119 个银河系内球状星团的详细信息（编号 VII/13）。截至 2014 年，我们所知的系内球状星团也不过 157 个（编号 VII/271）。它们的年龄几乎和银河系一样古老，而且我们对它们的起源并不清楚，在今天仍然是重要的研究课题。

后发星系团

让我们再回到这一章最初的问题：为什么后发座有很多星系聚在一起？这是否为偶然现象？哈勃曾用他强大的望远镜对这些遥远的目标进行了详尽细致的研究，其中也包括后发座的几个成员，他发现这些聚集在一起的星系确实属于同一个系统，有着直接的引力相互作用。美籍瑞士天文学家茨威基（Fritz Zwicky，1898—1974）在 1933 年根据哈勃发表的数据估计了“后发星云团”的质量，发现这个值远远大于观测到的发光物质质量，他推测有一种看不见的“暗物质”贡献了这部分缺失的质量。不过当时已知的类似系统还很少，无法进行比较研究。直到半个世纪后，随着更大望远镜的出现，对这些暗弱目标的研究才真正开始。

第二次世界大战的硝烟散尽之后，48 英寸的施密特望远镜在美国帕洛玛山落成，作为当时世界上视场最大的望远镜，在 1949—1958 年间完成了它著名的第一次巡天——帕洛玛巡天。加州理工学院的博士生艾贝尔（George Ogden Abell，1927—1983）系统地检查了对比度更高的红波段底片，但是照片中聚集在一起的星系并不一定属于同一个物理系统，也可能只是投影效应，何况还有疏密远近之分，究竟哪些才是真正的星系团呢？艾贝尔给出了下面的判据：①星等比系统内第三亮的星系暗不到两等的成员超过 50 个，这就保证了挑选出的星系团包含足够多的成员，即富集程度。②估计出的星系团整体红移 z 应在 0.02 ~ 0.20 范围内，从而给定了星系团的距离范围。③这些星系应分布在特定半径（R=1.7/z）的圆内，此半径称作艾贝尔半径，满足这个条件则可认为该星系团较为致密。此外，为了避免银盘上密集恒星的干扰，他还排除了银道面附近的候选体。1958 年，他发表了一个包含 2 712 个星系团的星系团表，在这个列表中有 1 682 个团满足所有的条件，其余的 1 030 个虽不是全部符合，但也作为补充列出（编号通常以 A，ACO 或 Abell 开头）。这份星表后来被称为《艾贝尔星表》（*Abell Catalog*）。在此之前，人们知道的星系团不过几十个，这个星表的出现为星系团的研究开创了新的局面。后来又增加了南天的数据，称为《富星系团表》（*Rich Clusters of Galaxies*，RCG，编号 VII/110A），收录的星系团数量也增加到 5 250 个。

艾贝尔因为是帕洛玛巡天的观测人员，能够在第一时间接触到最新数据，率先发表研究结果，而星系团研究的先驱茨威基则不得不等待巡天数据的正式公布。他在 1961—1968 年间陆续整理出一份《星系和星系团列表》（*Catalogue of Galaxies and Clusters of Galaxies*，CGCG，编号 VII/49），但采取的判据有所不同：①以星系表面亮度降到 2 倍背景亮度的地方为星系团边界。②在上一条定义的星系团边界内，至少要有 50 个成员与最亮的星系星等差不超过 3。显然茨

哈勃空间望远镜拍摄的星系团 Abell 1689

威基的判据不如艾贝尔那么严格，他没有考虑距离的因素，要求的成员星系亮度也不那么集中，因此收录了更多富集程度不高的星系团，最终包括 9 134 个系统。后来的研究者将茨威基和艾贝尔的星系团表合编为《艾贝尔 - 茨威基星系团表》(*Abell and Zwicky Clusters of Galaxies*，ZwCl，编号 VII/4A)。

就在帕洛玛巡天在光学波段打开全新局面的同时，天文学家们在另一个波段上也取得了意外的突破。1962 年，美籍意大利裔天体物理学家贾科尼

（Riccardo Giacconi，1931—2018）领导的研究小组利用军方的火箭发现了第一个太阳之外的 X 射线源，此前人们从来没有想过宇宙中还会有如此强烈的辐射源。全新的 X 射线天文学从此开启。贾科尼后来也因此获得了 2002 年的诺贝尔物理学奖。

在进行了多次高空火箭和气球探测之后，美国国家航空航天局（NASA）于 1970 年在肯尼亚发射了第一颗 X 射线天文卫星“乌呼鲁”（Uhuru，肯尼亚当地语言中“自由”的意思，因为卫星发射当天是肯尼亚的独立日）。这颗卫星使用正比计数器覆盖 2 ～ 20keV 的能段[1]，对全天的 X 射线源进行系统普查。它发现的 339 个天体被编为《乌呼鲁 X 射线源表》（*UHURU X-Ray Catalogue*，其第四版在星表库中编号为 VII/18）。后续的研究陆续确认这些高能辐射分别来自双星、超新星遗迹、活动星系核以及星系团等各类天体。但在当时，乌呼鲁卫星的定位精度只有 30 角分，也就是说它只知道辐射源来自满月大小的一片天区，无法给出更精确的方位。满月大小的范围看起来不大，但其实可以包含一二十颗亮于 12 等的恒星和更多的暗弱星系，这样我们很难确认哪个天体才是真正的 X 射线源，要想提高观测精度，必须改进光路。

因为 X 射线光子能量很高，折射率非常小，穿透能力极强，无法通过传统的折射或反射光学系统进行聚焦和收集。早期的 X 射线探测器都没有镜面，直接使用正比计数器或者闪烁计数器记录信号，并依靠卫星自身的指向系统来确定方位，因此角分辨率十分有限。虽然 X 射线的穿透性很强，但在一种极特殊情况下还是会发生反射——当它以非常小的角度掠射到金属表面时可以发生全反射。根据这个特性，天文学家们终于发展出 X 射线的掠反射成像技术：将多级抛物面形状的金属镜筒摆在双曲面形的镜架上就能让掠反射光子汇聚在同一个交点上。

---

[1] 由于X射线光子能量很高，高能探测器的频率单位通常是千电子伏特（keV），1keV 的光子波长约为1.2纳米。

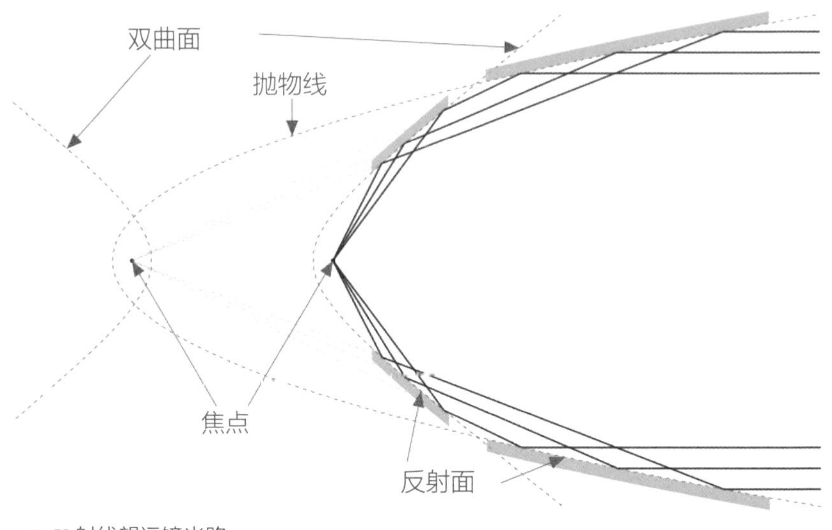

X 射线望远镜光路

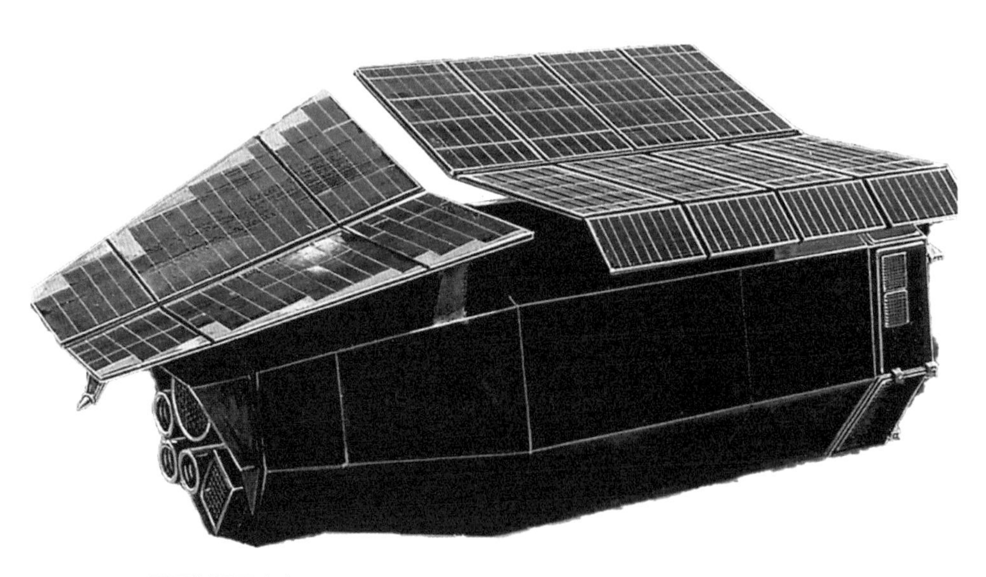
爱因斯坦天文台

1978 年 11 月，NASA 发射了系列卫星“高能天文台”（High Energy Astrophysical Observatories，HEAO）中的第二颗，为纪念爱因斯坦 100 周年诞辰被命名为“爱因斯坦天文台”。这架望远镜是第一架带有镜面的 X 射线空间望远镜，0.6 米的口径将角分辨率提高到角分量级，用视场 75 角分的成像正比计数器（Imaging Proportional Counter，IPC，工作能段 0.4 ~ 4.0keV）完成了一个覆盖高银纬天区 50 平方度的中灵敏度巡天（The Einstein Observatory Medium-Sensitivity Survey，MSS），从中发现了 112 个射线源。这是个令天文学家们兴奋的结果，因为全天一共有 4 万平方度，按照这个比例（112 个 /50 平方度）估计，全天会有超过 8 万个 X 射线源。不过爱因斯坦天文台的视场很小，不适合开展全天巡天，只能做定点观测和小范围的巡天。它在近地轨道上运行了 3 年之后就因为推进器燃料耗尽而退役了。不过天文学家们还是利用 IPC 所有的历史观测数据，在 1990 年整理出一个《中灵敏度扩展巡天》（*The Einstein Observatory Extended Medium-Sensitivity Survey*，EMSS，分类至高能天体目录，编号 IX/15)，将覆盖天区扩展到 778 平方度，包括 835 个 X 射线源（其中星系团有 102 个），前缀为 MS。虽然发现的天体总数量只比乌呼鲁卫星多一倍，但它的图像分辨率比前者提高了 30 倍，达到 1 角分，可以有效区分点源和延展源，极大地方便了后续的工作证认，也证明了掠反射成像技术的价值。

对于星系团研究来说，X 射线波段的观测尤为重要。在光学波段探测星系团很容易受到分布在同一方向上的前景或背景星系干扰，很难只根据图像确认星系团的存在。而在 X 射线波段，星系际物质在星系团强大引力势阱的作用下被加热为数百万开尔文的明亮 X 射线气体，没有其他任何天体能够在这么大的尺度上产生如此强烈的 X 射线辐射，这为星系团的存在提供了无可辩驳的直接证据，星系团探测从此有了全新的可靠手段。

进入 20 世纪 80 年代后，美国国家航空航天局将资金集中到“哈勃空间望远镜”“康普顿伽马射线天文台”等几个耗资巨大的大型轨道天文台计划上，欧洲接过了 X 射线卫星的接力棒。1990 年，德国、美国和英国联合发射了“伦

星系团 Abell 1689 的多波段合成图像

琴”卫星（Roentgen Satellite，ROSAT）。这颗卫星搭载的 X 射线望远镜口径为 0.8 米，并不比前任大很多，但配备的位置敏感型正比计数器（Position Sensitive Proportional Counter，PSPC，工作波段 0.1 ~ 2.5keV）有着 2° 的宽大视场，专为巡天设计。在它升空后的前半年里完成了迄今最完整的 X 射线巡天，天区覆盖率达到 92%。1994 年，德国马普研究所发表《ROSAT 卫星源表》（*ROSAT Source Catalog*，编号 IX/11），包含 74 301 个 X 射线源，全面刷新了人们对宇宙中高能活动的认识。随后又更新为包含 18 806 个天体的《ROSAT 全天亮源表》（*ROSAT All-Sky Survey Bright Source Catalogue*，RASS-BSC，编号 IX/10A）和含有 105 924 个目标的《ROSAT 全天暗源表》（*ROSAT All-Sky Survey Faint Source Catalog*，RASS-FSC，编号 IX/29），掀起了 X 射线天文学的研究热潮。此外，ROSAT 还进行了许多小范围的专项巡天，比如北天星系团巡天（Northern ROSAT All-Sky Galaxy Cluster Survey）、极紫外巡天（XUV All-Sky Survey Catalog），等等，得到了许多重要的科学发现。这颗设计寿命为 5 年的卫星一直超期服役到 1999 年，直到一次意外的黑客入侵影响了地面的控制系统，它才最终停止工作。

在“伦琴”卫星退役后的 20 多年里，天文学家们一直在用更高分辨率的 X 射线望远镜，如美国的钱德拉 X 射线天文台、欧洲航天局的牛顿望远镜、日本的“朱雀”号卫星等设备研究“伦琴”卫星发现的高能天体。与此同时，新的 X 射线巡天望远镜也在新技术的加持下准备就绪。2019 年 7 月，德国和俄罗斯联合发射了新一代的 X 射线巡天望远镜——成像望远镜阵列扩展伦琴巡天（eROSITA），计划用 3 年的时间完成对全天的 X 射线巡天，以更好的灵敏度更新“伦琴”卫星看到的 X 射线星空图像。

突破地球大气的局限是无数天文学家梦寐以求的理想，全天候全波段的观测条件为天文学研究带来了前所未有的全新面貌，卫星在天文观测中的地位也因此变得至关重要。美国一直计划建造一架工作在光学波段的大型空间望远镜，但正如巨大的海尔望远镜需要施密特反射镜的指引一样，新一代的空间望远镜也迫切需要一份精度更高的指向系统才不会在星海中迷失，帕洛玛巡天的价值直到这时才充分显现出来！

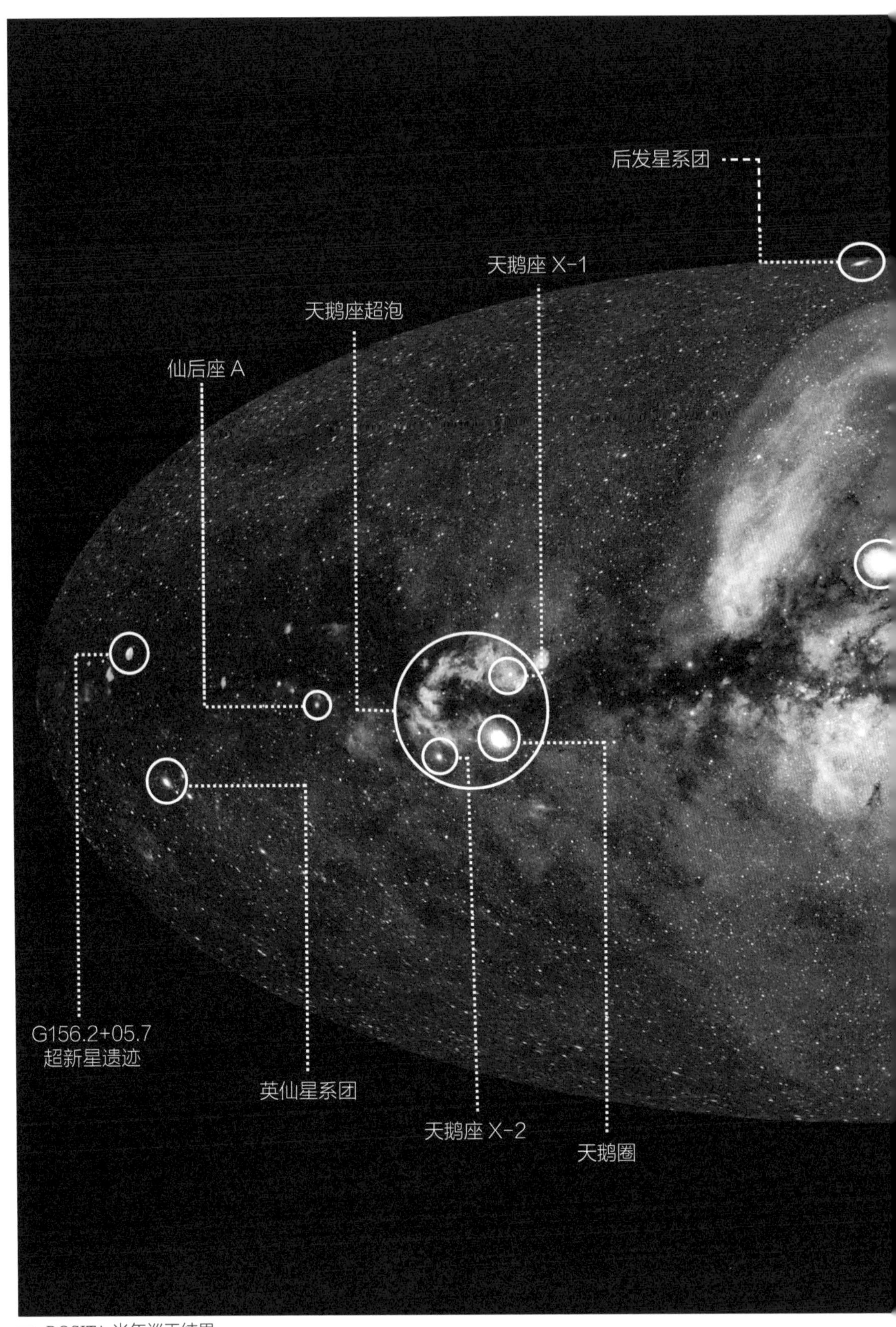

eROSITA 半年巡天结果

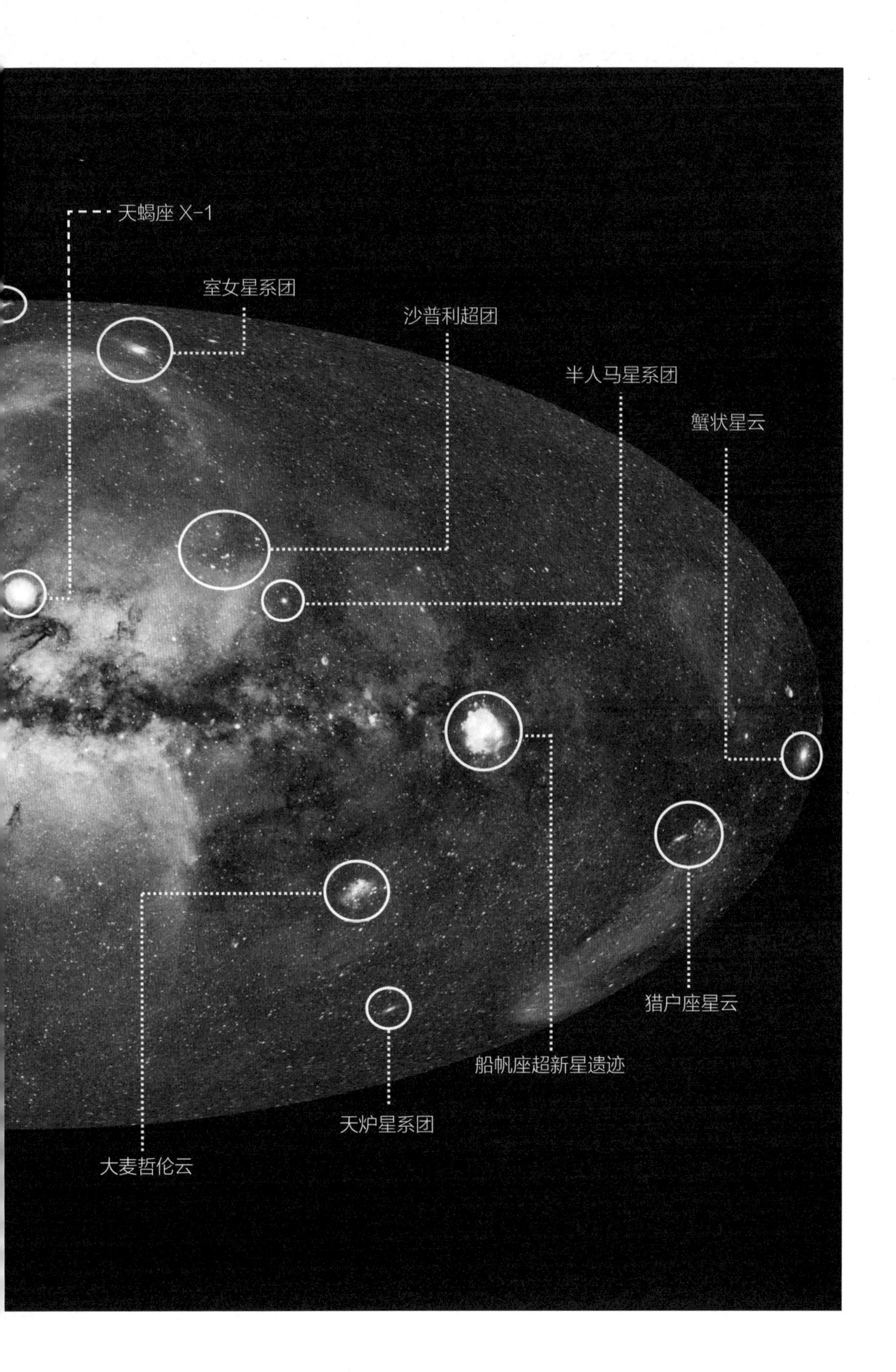
天蝎座 X-1
室女星系团
沙普利超团
半人马星系团
蟹状星云
猎户座星云
船帆座超新星遗迹
天炉星系团
大麦哲伦云

哈勃空间望远镜

第九章

空间导星

早在1946年，美军还在消化德国V2火箭研制技术的时候，美国天文学家斯皮策（Lyman Spitzer，1914—1997）就提出了太空望远镜的构想。在美苏两国太空竞赛的推动下，空间天文迅速发展。20世纪六七十年代发射的一系列高能望远镜，在科学上取得了重要的成果，充分显示了空间天文的优越性，极大增强了天文界对空间望远镜的信心，大口径空间望远镜（Large Space Telescope，LST）计划也被提上日程，它就是后来的“哈勃空间望远镜”。

空间天文在高能波段率先取得突破绝非偶然。一方面，因为地球大气对X射线等高能射线不透明，地面完全无法观测；另一方面，用于高能探测的闪烁计数器要比望远镜照相机的组合简单许多。而此时地面上口径最大的光学望远镜已经达到了5米的量级，虽然太空有着最理想的观测条件，空间望远镜仍要有足够大的口径才能超越地面望远镜的水平。这样一个

哈勃空间望远镜

宏伟的设想无疑需要巨额的资金，可 1974 年尼克松总统由于“水门事件”意外下台，临时接任的福特总统为拯救经济形势，大幅削减了航天预算。整个天文学界都行动起来，游说政府官员，寻求社会资助，甚至减小了望远镜口径以求妥协，欧洲航天局（ESA）也加入项目中。终于，政府决定暂停中小型空间天文项目，集中力量发展大型空间天文设备。资金问题解决之后，仪器的归属又成为多方的焦点。此前美国发射的天文卫星都由 NASA 一手操办，这一次他们自然也准备沿用其他卫星的管理运作方式，但却遭到了整个天文学界的反对，因为这架仪器实在是太重要了！经过天文学家们的努力争取，1981 年空间望远镜科学研究院（Space Telescope Science Institute，STScI）成立了，挂靠在大学天文研究协会（Association of Universities for Research in Astronomy，AURA) 下与 NASA 进行合作，专门负责制定空间望远镜的科学目标，管理计划任务，分配观测时间。

哈勃空间望远镜开始了紧张的设计加工，马歇尔航天中心负责望远镜的设计和制造，戈达德航天中心负责科学仪器和地面控制中心，最重要的主镜和星敏感器则交给珀金埃尔默公司（Perkin-Elmer，这个主做光学仪器的公司和 NASA 有着长期的稳定合作，曾负责制造了阿姆斯特朗登月时佩戴的头盔、海盗号火星探测器搭载的光谱仪等许多产品）。虽然 NASA 此前发射过多颗天文卫星，但因为大多工作在高能波段，分辨率较低，定位精度要求不高，技术上比较容易实现。而要让 2.4 米的光学望远镜以超出地面观测精度的状态工作，对卫星的姿态和稳定性控制都提出了极高的要求。三个精密导星传感器（Fine Guidance Sensors）的视场都只有 69 平方角分，极限星等为 15 等，要通过这样小的范围精确测定卫星位置，需要有全部 15 等以上的恒星数据。当时的任何一份星表都无法满足这个要求。编制一份全新星表的任务便交给了新成立的空间望远镜科学研究院。

此时，帕洛玛山巨大的施密特望远镜已经完成了举世瞩目的北天巡天。欧洲南方天文台和英澳天文台也正在南半球对南天进行观测。考虑到第一次帕洛玛巡天历时较久，设备状态也与后来修建的南半球望远镜不尽相同，为了保证使用精度，空间望远镜科学研究院在 1982 年用改进过的帕洛玛山施密特望远镜展开了新的 V 波段快速巡天（Quick V Survey），南天的数据则直接使用英澳天文台进行中的 J 波段巡天（Science Research Council IIIa-J Southern Sky Survey）。哈勃空间望远镜的发射时间已近在咫尺，照相底板的扫描处理工作也同时展开了。

1982 年，珀金埃尔默公司的两台新型测微密度计运抵空间望远镜科学研究院所在的约翰·霍普金斯大学，以 50 微米的采样精度开始对照相底板进行扫描。底片数字化以后，要提取每颗恒星的位置和亮度。先在底片中心附近选取至少 6 颗星等为 9 ~ 14 等的恒星作为定标星，然后用萨克拉门托峰天文台（SPO）、亚利桑那州大学天文台（UAO），以及托洛洛山美洲天文台（CTIO）的望远镜进行 BV 波段的精确测光，这样就可以通过计算相对位置和亮度差推算其他星体的坐标和星等。人们从 1 477 张底片中一共选择出 9 508 颗定标星，编为《导星测光星表》（*Guide Star Photometric Catalog*，编号 II/143A），于 1987 年发表。

制造过程中的技术困难让发射计划一拖再拖，而 1986 年初挑战者号航天飞机爆炸的事故无疑给航天项目雪上加霜。星表的编制倒是由此获得了更充足的时间。为了充分提取底片信息，扫描间隔缩小到 25 微米（相当于 1 000dpi，对

挑战者号航天飞机

应分辨率为 1.7 角秒）。当历经波折的哈勃空间望远镜终于在 1990 年升空时，第一版《哈勃导星星表》（*The Guide Star Catalogue*，GSC，v1.0，编号 I/220）也随之公布，它收录星等为 6 ～ 15 等恒星近 2 000 万颗。

导星星表正式发表，哈勃空间望远镜也正常运行，但星表巡天部的工作并没有结束。有了丰富的经验和更先进的技术，他们开始处理庞大的帕洛玛巡天底片，扫描精度提高到 15 微米。但是再精确的星表都不能代替真实的天空照片，自动化程序只能提取底片上的常规信息，天文新发现和特殊天体仍需要和历史底片进行比对，于是空间望远镜科学研究院将已扫描数字化的巡天底片汇总在一起，通过在线查询系统，供全球天文学家随时检索，这就是数字巡天（Digitized Sky Survey，DSS）项目。1994 年帕洛玛巡天红敏底片（POSS E）和英国科学研究委员会 F 波段巡天（SERC F）的扫描完成，全部数据塞满了 102 张光盘。2006 年，第二期巡天的数字化项目也顺利完工。由于采取更高分辨率的扫描技术，总数据量达到 1 200 张 CD。它为观测天文学家提供了宝贵的线上共享数据，并随着时间的流逝，显现出越来越重要的历史价值。

因为《哈勃导星星表》是根据卫星的需要量身定做，受到工期、设备的局限，并没有提取底片中的全部信息，在数字巡天项目将帕洛

数字巡天项目中的珠宝盒星团 NGC 4755 图像

玛巡天干板全部数字化之后，美国海军天文台（United States Naval Observatory，USNO）使用精密测量机（Precision Measuring Machine，PMM）对这些巡天数据进行了独立测算，制作了包括近 5 亿个天体的 USNO-A 星表，极限星等达到 22 等，以《哈勃导星星表》为标准参考架进行归算。后来发现《哈勃导星星表》1.1 版本由于在不同区域使用了不同的参考架，内部一致性并不好，又综合“天图”的历史数据和第谷卫星的观测制作了 ACT 星表（*Astrographic Catalog/Tycho*，编号 I/246），包含 988 758 颗标准星，建立了新的参考系统。1997 年用 ACT 参考系重新归算的 USNO-A 星表发布了新的版本 USNO-A2.0，包含 526 280 881 颗恒星。随后，《哈勃导星星表》也用这个参考架重新进行了计算，发布了 GSC-ACT（GSC 1.1 星表 ACT 版本，编号 I/255，原始 1.1 的编号为 I/220），数字巡天项目是基于 1.1 版本归算的，而 1.2 版本（编号 I/254）是空间望远镜科学研究院与德国天文学计算研究所合作，以位置和自行星表 PPM 为参考架计算得出，但从未用于哈勃望远镜的观测。

数字化巡天的资料积累，为星表的修订提供了丰富的资料；“垂垂老矣”的“哈勃”也在盼望年轻的“接班人”，新一代的詹姆斯·韦布空间望远镜（James Webb Space Telescope，JWST) 拥有 6.5 米的巨大主镜，已于 2021 年 12 月 25 日发射升空。空间望远镜科学研究院为它准备的第二版导星星表，早在 2000 年就完成了初稿，包含近 10 亿个星体的位置和星等，称作 GSC 2.0，至今仍在不断更新。而美国海军天文台也在继续更新他们庞大的星表，2003 年发布的 USNO-B1.0，更是从 7 435 块照相底板中提取了 1 042 618 261 个天体，实现了对全天 V 波段 21 等以上天体的完全覆盖，星表数据量也达到了 80G。

詹姆斯·韦布空间望远镜

但是帕洛玛巡天毕竟是地面观测，不同仪器之间存在系统误差，观测条件也难以统一，而且历时太长，这些问题都给后期归算带来了困难，限制了精度。现在，空间观测的技术已经成熟，天文卫星正取代传统观测，为星表的编制开启一个新的时代。

▬ 盖娅卫星拍摄的银河系全景

第十章

天测星表

测量天体位置和运动的天文领域相关学科称为天体测量学。在1838年德国天文学家贝塞尔用量日仪第一次准确测定恒星视差之后，星体的位置和角度变化就成为重要的天文研究目标。天文学家们以极大的热情投入这个新兴的领域，想知道所有星星到地球的距离。但要用当时的仪器测量天体位置的微小变化需要极大的耐心和毅力，而且想要有所发现还要依赖运气。直到19世纪末照相术成熟以后，这项任务才变得切实可行。

1851年，美国天文摄影先驱邦德（William Cranch Bond，1789—1859）在伦敦万国博览会上向公众展示了月球照片，引起巨大的轰动。从此产生的天文摄影热潮吸引了许多年轻人加入探索宇宙的行列中，美国哥伦比亚大学天文系的研究生施莱辛格（Frank Schlesinger，1871—1943）就是其中之一。他半工半读进入了天文系，凭借良好的数学功底赢得了奖学金，并借助早期天文摄影底片完成了毕业论文，加入熟悉天文摄影技术的新一代天文学家行列中。1902年，刚毕业不久的施莱辛格在海尔的帮助下，获得了新成立的卡耐基研究所的资助，得以使用当时世界上最大的折射望远镜——叶凯士天文台 40 英寸（102 厘米）望远镜进行恒星视差的照相研究。由于此前从未有过类似的研究，施莱辛格几乎是独立完成了这一领域的开创工作。他在观测过程中不断改进拍摄技术和测量方法，很快向世人证明，摄影术在恒星视差研究中拥有传统方法无可比拟的优势。但是，无论设备技术如何先进，观测者的耐心始终是成功的关键。由于历史观测资料的缺乏，他有了一个更加宏大的计划——照相巡天。事实上，早在 1887 年，全世界的天文学家们就开展了联合的“天图”照相巡天计划。但由于缺乏高精度的统一参考星表，各个天文台进度不齐，迟迟没有完成。已完成的部分也因为设备和环境的差别难以统一归算。施莱辛格决定在耶鲁天文台启动一个独立的照相观测，计划按纬度分区完成对全天的巡天。但这个项目持续的时间远远超出他的预计，一直到 1983 年才最终完成，产生了著名的《耶鲁分区星表》（*Yale Zone Catalogue*，编号 I/141），不过最终仍有小部分天区没有被覆盖，这是后话了。

1924 年，在多方的催促下，施莱辛格终于完成了第一版《三角视差总表》（*General Catalogue of Parallaxes*），共有 1 682 颗恒星的三角视差，是之前所有数据总和的十多倍。他也因此获得了 1927 年的英国皇家天文学会金质奖章和 1929 年的布鲁斯奖。昔日踌躇满志的年轻人此时已是耶鲁天文台台长，兼任美国天文学会主席。数据仍在年复一年地累积，可那时还没有计算机，只能等待人工处理。幸好他在匹兹堡大学天文台的同事杰金斯（Louise F. Jenkins，1888—1970）女士来到了耶鲁天文台，他们合作，在 1935 年联合发表了第二版《三角视差总表》，收录了 3 928 颗恒星的三角视差数据。著名的《耶鲁亮星星表》（*The Yale Bright Star Catalog*，YBS，编号 V25）也是在此期间整理完成的，取代了前任学会主席、哈佛大学皮克林在 1908 年发表的《哈佛测光星表》（*Harvard Revised Photometry Catalogue*）。《耶鲁亮星星表》如今已经修订到第五版（*Bright Star Catalogue*，BSC/BS，编号 V/50），包括星等为 6.5 等以上星体 9 110 颗，其中恒星为 9 096 颗，其余 14 颗为新星及河外天体。

1943 年，施莱辛格辞世，耶鲁巡天仍在继续，他开创的事业也由杰金斯接替。1963 年，杰金斯女士整理发表了地面观测时代最全面的视差星表——《耶鲁三角视差星表》(*Yale Catalogue Trigonometric-Parallax Data*，编号 I/60)，星数达到 6 399 颗。现在这个星表已经更新到了第四版 (*Yale Trigonometric Parallaxes, Fourth Edition*，与其增补合称 *General Catalogue of Trigonometric Stellar Parallaxes*，GCTSP，编号 I/238A)，综合了 1995 年以前的所有数据，包括 8 112 颗恒星的视差数据，采用 FK4 参考架，历元仍归算到 1900 年。

20 世纪中叶，世界上最大的望远镜口径已超过了 5 米 (海尔望远镜)，但是这对于恒星位置测量并没有太大的帮助，由于大气的扰动，所有星光都会在到达望远镜之前扩展成一个光斑，就像透过磨砂玻璃的灯光。这样地面观测站的极限角分辨率只有 0.1 角秒，也就是说一米以上的望远镜都无法充分发挥威力，这直接限制了恒星视差的探测范围；再加上地球自身运动并不规则，给归算带来了很多麻烦。最好的办法就是去太空中观测，避开这些干扰因素。法国斯特拉斯堡天文台台长拉克鲁特 (Pierre Lacroute，1906—1993) 在 1966 年提出了依巴谷 (Hipparcos) 计划，全称是“高精度视差收集卫星”(High Precision Parallax Collecting Satellite)。他为了向编制欧洲第一本星表的古希腊天文学家喜帕恰斯致意而特意凑出了这个发音接近的缩写。在经过近十年的论证研究之后，欧洲航天局终于在 1976 年接受了这一方案。

1989 年 8 月 8 日，依巴谷卫星在法属圭亚那的库鲁 (Kourou) 基地由阿丽亚娜 4 型火箭 (Ariane-4) 发射升空，本来准备发射到地球同步轨道上，但在 36 500 千米处时远地点推进器的意外失效使它进入了椭圆轨道，这个轨道离地球最近时只有 500 千米，这虽然高于地球大气，但已经深入地球辐射带内部。在穿越地球辐射带时，大量高能粒子妨碍了正常观测，并逐渐侵蚀卫星的部件，严重影响了观测时间和使用寿命。到了 1992 年 7 月卫星开始出现异常，1993 年 3 月在实现了预期的科学目标之后，停止了全部观测活动，1993 年 8 月 15 日，地面控制中心中断了与卫星的通信联系，依巴谷卫星从此成为孤独的太空漫游者。

依巴谷卫星

同所有的空间望远镜一样，依巴谷卫星也有自己的输入星表《依巴谷输入星表》（*Hipparcos Input Catalogue*，HIC，编号 I/196），该星表于 1992 年发表，1993 年修订，包括 11 820 颗星等为 7.3 ~ 9 等的恒星信息。在 4 年的观测当中，依巴谷卫星通过扫描天空观测天文学家们精心筛选出来的十万多颗恒星，最终在 1997 年 6 月发表了《依巴谷星表》（*The Hipparcos Catalogue*，编号 I/239），星表包括极限星等为 12.4 等的 118 218 颗恒星，而且都是同一架望远镜用相同的方法获得的结果，大大提高了数据的一致性和准确性。

此外，科学家们为了充分利用这前所未有的观测机会，连定位用的拍摄装置都分配了科学任务，这就是丹麦的霍格（Erik Høg）教授提出的“第谷”观测计划。由于卫星在太空中只能利用恒星来辨别方位，要将视场中的天体特征与数据库中的恒星资料进行比对来确定当前的指向，为了让这部分工作也具有科学价值，他们在恒星测绘仪后端加装了分光滤波系统，可以实现恒星的双色测光，这是比主镜更加快捷方便的观测方式。这部分工作的输入星表为《第谷输入星表》(*Tycho Input Catalogue*，编号 I/197A)。收集的数据在 1997 年发布，称作《第谷星表》(*The Tycho Catalogue*，称为 Tycho-1，与《依巴谷星表》同在 I/239 目录中)，包括极限星等为 11.4 等的恒星 1 058 332 颗，但是由于自行误差较大，位置精度随时间迅速下降。1998 年结合新发表的 ACT 星表，提取了 990 182 颗恒星，制作了《第谷参考星表》(*The Tycho Reference Catalogue*，编号 I/250)。1999 年工作组又采用新的处理技术，综合地面的观测数据发表了《第谷 2 星表》(*The Tycho-2 Catalogue*，Tycho-2，编号 I/259)，星数达到 2 539 913 颗，取代了沿用二十多年的 FK5+PPM 地面参考系。

依巴谷卫星取得了巨大的成功，但也留下许多遗憾。比如，它没有使用感光耦合组件（Charge-Coupled Device，CCD）作为成像设备，而是沿用了传统的光电倍增管，极限星等只有12.5等；卫星运行于近地轨道，无法观测全部天区。正在处理帕洛玛巡天底板的美国海军天文台发现最新的数据仍然无法满足需要，而且由于历史原因，南天的数据尤其缺乏。在经过了仔细论证之后，美国海军天文台决定自己来补齐这部分资料，他们在1998年将一架口径8英寸（20厘米）的双筒天体照相仪（twin astrograph）运到智利的托洛洛山美洲天文台，开始对南天进行巡天。为尽快得到可用结果，他们使用柯达公司1 536像素 × 1 024像素的大尺寸 CCD在单一波段（570 ~ 650纳米）工作，只用了两年便完成了赤纬 -15° 以南天区的星表编制工作，发表了UCAC1星表（*US Naval Observatory CCD Astrograph Catalog*，编号I/268），包括27 425 433颗星等为8 ~ 16等的恒星。南天观测的成功肯定了他们的思路，于是他们又将望远镜转移到美国海军天文台位于亚利桑那州旗杆镇（Flagstaff）的观测站上开始了对北天的巡天。2004年5月，观测任务全部完成，但数据的处理还需要更长的时间，同年只放出了北纬40° 以南的数据，称为UCAC2（编号I/289），包括48 330 571个星体的位置和星等信息。然后又制作了框架性的《UCAC2亮星星表》（*The UCAC2 Bright Star Supplement*，编号I/294）。最终的数据直到2009年6月才全部完成，为《美国海军星表》（UCAC3，编号I/315）。每个目标的实现都是另一个梦想的起点。

欧洲的第二代天体测量卫星——盖娅（Gaia）卫星在 2013 年 12 月发射升空，顺利进入日－地系统的第二拉格朗日点（L2），以超过依巴谷卫星 100 多倍的精度对银河系的千亿颗恒星展开测量。2016 年，盖娅卫星公布了第一批科学数据，给出了全天 11 亿个亮于 20.7 等天体的高精度坐标信息，对银河系内的恒星分布、运动、结构等信息都给出了全新的可靠资料。2018 年，盖娅卫星公布了第二批数据，包含超过 16.9 亿颗恒星的位置及亮度、约 13.3 亿颗恒星的视差和自行、约 13.8 亿颗恒星的颜色、超过 700 万颗恒星的视向速度、55 万个变源数据，等等。2022 年 6 月，又释放了第三批数据，包含超过 18 亿颗恒星的数据，将人类对银河系的认识再一次推向新的高度，其中蕴含的丰富信息天文界至今仍在分析消化之中。

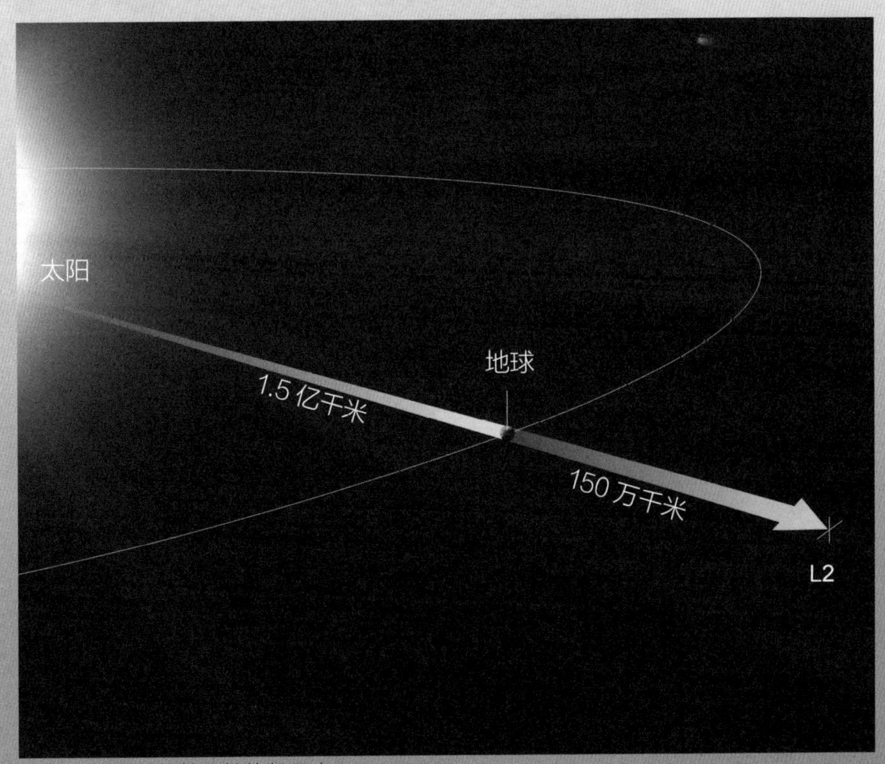

日－地系统的第二拉格朗日点

盖娅卫星

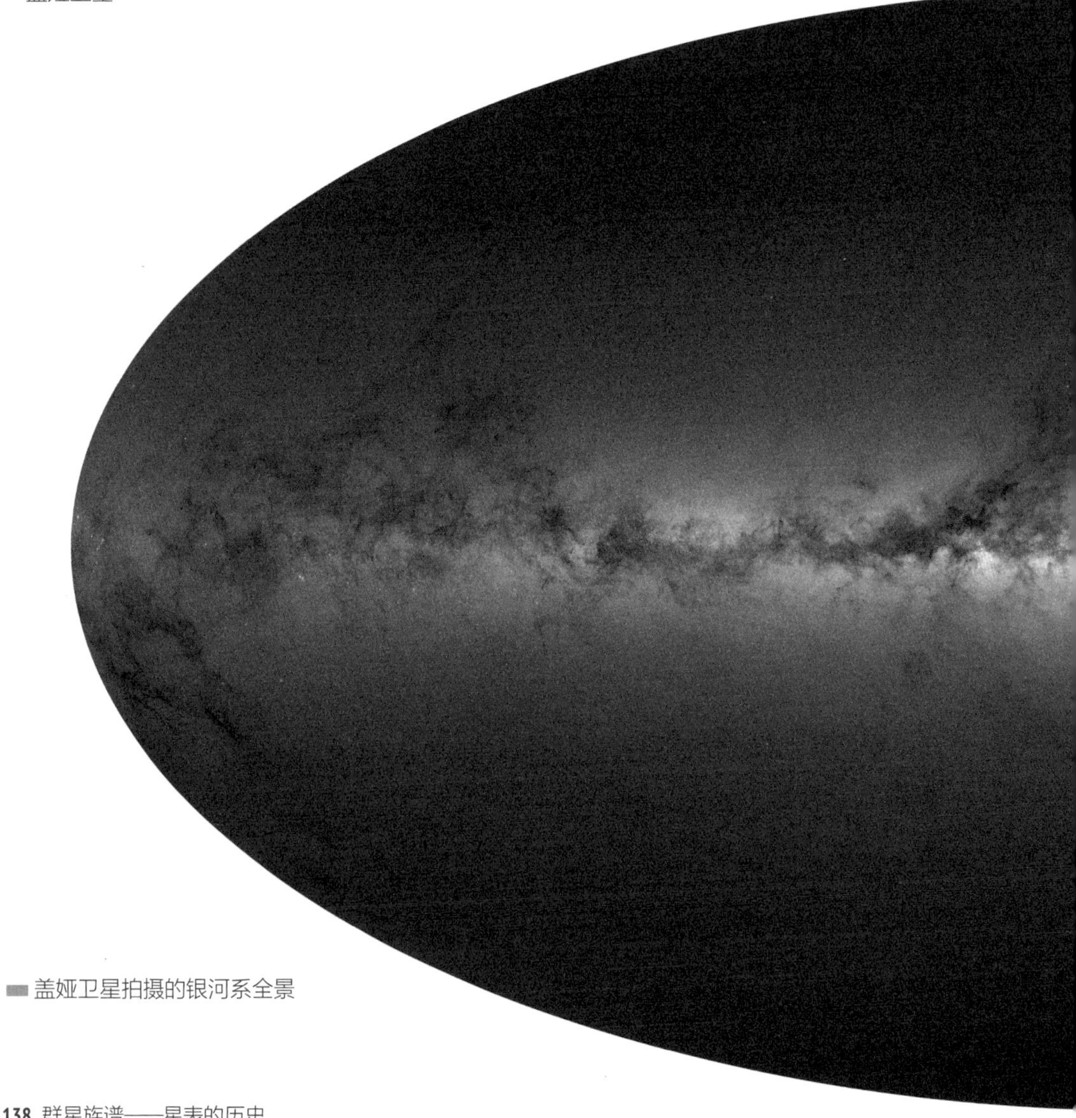

盖娅卫星拍摄的银河系全景

如果你觉得这些枯燥的数字不那么直观，就请想想凉爽夏夜的星河吧，那些渺若云气的星星点点都有自己的编号和记录，我们可以随时查出它们的年龄、成分、速度、距离，算出它们的轨迹，预见它们的宿命。在望远镜发明 400 年之后，人类终于可以抛开水晶球和占星盘，对这个简单而优美的宇宙有了些许了解。请不要忘记，那些在寒冷的冬夜守望夜空的人们，在幽暗的房间里检视底片的人们，在昏黄的灯光下整理数据的人们，我们正是站在他们的肩头，才看到那么多、看得那么远……

帕克斯射电望远镜

第十一章

射电窗口

19世纪末，人们发现了电磁波。1901年，意大利人马可尼（Guglielmo Giovanni Maria Marconi，1874—1937）第一次实现了跨越大西洋的无线电信号传输。但是这项技术并没有迅速普及，因为早在1858年美国商人菲尔德（Cyrus West Field，1819—1892）就铺设了第一条横跨大西洋的海底电缆，实现了两个大陆之间的有线通信。新生的无线电技术在通信成本和质量上都还无法与之竞争。不过，1912年，豪华邮轮泰坦尼克号在撞上冰山后发出的无线电求救信号让它得到了宝贵的海上救援，这次事件充分证明了无线通信无可替代的价值。不久后第一次世界大战爆发，各国军方对无线电的积极运用也极大地推动了无线通信技术的进步。第一次世界大战结束后不久，人们发现波长几百米的短波可以用于长距离通信。一夜间，无数电台竞相涌现。1922 年，马可尼的公司创立了著名的英国广播公司（BBC），美国电报电话公司（AT&T，贝尔电话公司的母公司）在纽约设立了第一个商业电台。这个时期，虽然技术上取得了突破，但人们对无线电传播的原理并不清楚，于是在 1925 年，已在美国取得垄断地位的美国电报电话公司成立贝尔实验室，希望用基础研究来为技术发展指明方向。

1931 年，贝尔实验室的年轻工程师卡尔·央斯基（Karl Jansky，1905—1950）在研究短波（20.5 兆赫兹）射电干扰的过程中意外发现了来自银河系中心的射电辐射。这是人们第一次意识到地球之外有射电源（那几年太阳活动正好处于极小期，白天增厚的电离层完全挡住了来自太阳的射电辐射）。央斯基希望能够建造更大的天线进行更多的观测，但是当时美国正处于大萧条中，没有机构愿意承担这样耗资巨大的项目。

央斯基和他建造的旋转定向天线

芝加哥一位年轻的射电工程师雷伯（Grote Reber，1911—2002）对央斯基的发现很感兴趣。他利用自学的射电知识在母亲家的后院建造了一架直径 9.6 米的抛物面天线，对天空进行了持续的观测。在 3 300 兆赫兹和 900 兆赫兹都没有探测到地外信号，1938 年他终于在 160 兆赫兹（波长 1.9 米）上证实了央斯基的发现。他利用自己的巡天数据绘制了全天的射电强度图，发现最强的射电辐射来自银心方向，也察觉到天鹅座和仙后座方向有潜在的射电源。在这段时间里，他是世界上唯一进行射电天文观测的人。没人知道遥远的天体是如何发出这些辐射的，也没人知道宇宙中有多少天体有这样的辐射。一个从未被探索过的天空就此呈现在世人面前。

然而，第二次世界大战的爆发改变了所有人的注意力。为了防范德国的空袭，英国人发明了雷达——其实就是广角大功率的短波发射天线和接收机，最

雷伯建造的射电望远镜

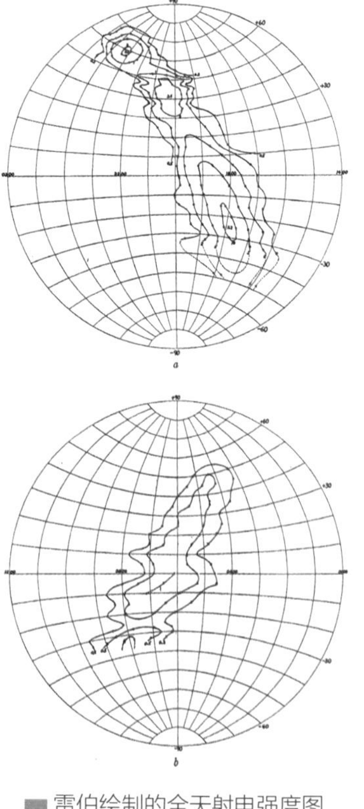

雷伯绘制的全天射电强度图

初的原型实验就是利用 BBC 的广播站完成的。在战争的推动下，无线电技术取得了突飞猛进的发展。

先进的雷达技术帮助盟军取得了战争的胜利。当天空中不再出现令人战栗的机群时，这些巨大的天线眼中只剩下地面嘈杂的声音和遥远的星光。卸下战时任务的科学家们开始仔细研究战争期间遗留的科学问题。英国、美国及作为它们重要盟友的澳大利亚迅速成为射电天文学的中心。

曾参与军方雷达设计的英国物理学家赖尔（Martin Ryle，1918—1984）复员到剑桥大学卡文迪许实验室（Cavendish Laboratory），开始研究雷达探测到的不明噪声。他在剑桥建设了一架长基线迈克尔逊干涉仪（Long Michelson Interferometer），在3.7米的波长（81.5兆赫兹）上对天空进行系统扫描。初步的结果在1950年发表，称为《第一次剑桥射电巡天》（*Preliminary Survey of the Radio Stars in the Northern Hemisphere*），简称1C星表。这个表包含了50个射电源，后来证实其中很多并不是真正的天体，只是干扰信号。赖尔随后加装了2个天线，把4个接收器摆成直角，在相同的波段上进行了第二次巡天。1955年发表的2C星表中包含了赤纬 −38° 到+83° 的1 936个射电源。

与此同时，澳大利亚的米尔斯（Bernard Yarnton Mills，1920—2011）也建立了自己的十字形干涉天线，在3.5米的波长（85.5兆赫兹）上对南天进行巡天。他的结果在1958—1961年间发表，称为《悉尼射电源巡天》（*Sydney Radio Source Survey*），这是第一份南天的射电源表，共给出了赤纬 −80° 到+10° 的2 270个射电源。他将自己的结果与2C星表的重合天区进行了比对，发现两者出入很大。受当时技术条件的限制，这两个星表的角分辨率并不高，还包含许多干扰信号，因此并没有在天文界产生持久的影响。

由于电磁波频率越高波长越短，在望远镜口径设计不变的情况下，提高观测的频率能够直接获得更高的角分辨率，从而更好地定位天空中的射电源。剑桥的团队将接收机的工作频段提高到 159 兆赫兹重新巡天，在 1959 年发布了

《第三版剑桥射电巡天星表》(*Third Cambridge Survey*)，这便是著名的 3C 星表，星表库编号为 VIII/1A（之前发表的射电源星表因为可信度不高，没有被数据库收录），其中包含了 471 个分布在赤纬 −22° 到 +71° 的天体，以 3C 为前缀顺序编号。此版星表是第一个可靠的射电星表，直接导致了类星体的发现，其中记录的亮源直到现在仍然被用作射电观测中的校准星。

在整个 20 世纪 50 年代，剑桥的射电研究团队一方面用这架天线巡视天空，持续更新他们的射电源表，另一方面也在探索新的观测技术。3C 星表的作者列表中甚至没有赖尔的名字，因为他当时正致力于一项革命性的技术——综合孔

玛拉德射电天文台

径。1958 年，赖尔在他所管理的玛拉德射电天文台（Mullard Radio Astronomy Observatory）建造了世界上第一个综合孔径望远镜并进行了成功的试观测。后来他因为这项技术获得了 1974 年的诺贝尔物理学奖。他的研究团队利用这个全新的设备在 178 兆赫兹波段进行了巡天，结果在 1965 年和 1967 年发表，称为 4C 星表（编号 VIII/4），其中包含赤纬 −7° 到 +80° 的 4 844 个亮于 2 央斯基[1]的射电源，无论是数量还是质量都大大超出了之前的成果，为一时之最。

其实，剑桥星表所用的甚高频（Very High Frequency, VHF，30 ~ 300 兆赫兹）并不是理想的天文观测波段，这个范围的电磁波波束宽、噪声高，但是因为接收机工艺简单、成本较低而在早期的天线上广泛使用。后来的射电巡天大都采用更高的频段。

随着各国经济的复苏，加上苏联 1957 年首颗人造卫星升空的刺激，大型射电望远镜的建造在各个国家都迅速上升到战略高度。1957 年，英国焦德雷班克口径 76 米的可动射电望远镜（Jodrell Bank Mark I，现称洛弗尔射电望远镜）落成；1961 年，澳大利亚 64 米的帕克斯（Parkes）射电望远镜完工；1962 年，美国射电天文台（NRAO）的 91 米望远镜开始观测；1963 年，美国在波多黎各的阿雷西沃建成直径 300 米的固定式球面望远镜；1967 年，意大利博洛尼亚大

[1] 为了纪念央斯基的贡献，射电天文学家们使用他的名字作为射电源辐射强度单位，缩写为Jy。

洛弗尔射电望远镜

学“北十字”（Northern Cross）干涉阵建成……射电天文学的黄金时代就此到来。

澳大利亚悉尼大学的莫隆格勒十字干涉阵（Molonglo Cross）是一个放大版的米尔斯十字干涉阵，在1968—1978年间对南天进行了408兆赫兹的巡天观测，在1981年公布了分布在赤纬−85°到+18°亮于1央斯基的12 141颗射电源，称为《莫隆格勒射电源参考星表》（*Molonglo Reference Catalogue of Radio Sources*，MRC，编号VIII/2），并在1991年进行了更新（编号VIII/16）。

在北半球，意大利国立射电天文实验室（Laboratorio Nazionale di Radioastronomia）在利用新建的“北十字”观测阵（虽然计划建成十字形，但

帕克斯射电望远镜

阿雷西沃射电望远镜

最后只完成了一个 T 形的阵列）进行了成功的初步观测之后，决定在 408 兆赫兹波段开展巡天观测。在 1970—1974 年间，他们在赤纬 +21° 到 +40° 探测到了 9 929 个射电源，称为《第二次博洛尼亚射电巡天》（*The Second Bologna Survey*，B2，编号 VIII/36)。在 1985 年，他们又发表了《第三次博洛尼亚射电巡天》（简称 B3，编号 VIII/37）的结果，公布了在赤纬 +37° 到 +47° 的 13 340 个亮于 0.1 央斯基的射电源。

20 世纪 70 年代，世界上的大口径单碟射电望远镜主要被用于空间通信，射电巡天主要由射电干涉阵完成。随着美苏的太空竞赛告一段落，这些射电望远镜才又回到科学领域当中。

美国射电天文台位于西弗吉尼亚州绿岸的 91 米望远镜（官方名称为“300 英尺望远镜”）作为当时最大的全动单碟射电望远镜，于 1986 年 11 月到 1987 年 10 月在 4.85 吉赫兹波段对赤纬 0° 到 +75° 的天空进行了系统的扫描。得益于望远镜巨大的接收面积，这次巡天发现了 54 579 个亮于 25 毫央斯基的射电源，角分辨率为 10.5 角分，称为《87 版 GB 射电星表》（87 GB *Catalog of Radio Sources*，编号 VIII/14）。但是在 1988 年冬天的一个晚上，由于支撑部件的老化断裂，这架巨型望远镜轰然倒塌。后来科学家们综合倒塌之前两年的观测数据，成功压低了背景噪声，将探测极限扩展到 18 毫央斯基，在 1996 年发表了包含 75 162 个射电源的新表，称为《GB6 版射电源表》（GB6 *Catalog of Radio Sources*，编号 VIII/40）。后来美国射电天文台又在原址建造了一架口径 100 米 ×110 米的望远镜，称作“绿岸望远镜”（Green Bank Telescope，GBT），2001 年完工之后一直是世界上最大的全动射电望远镜。

300 英尺望远镜

绿岸望远镜

在 300 英尺望远镜倒塌之后，它的多波束接收机并未受到严重影响，于是被装到了澳大利亚的帕克斯望远镜上，在 1990 年 6 月到 11 月进行了 4.85 吉赫兹南天巡天。这次巡天被称作《帕克斯 - 麻省理工 - 美国射电天文台联合巡天》（*Parkes-MIT-NRAO 4.85GHz Surveys*，PMN，编号 VIII/38），记录了赤纬 +10° 到 −87.5° 的约 5 万个射电源，空间分辨率为 4 角分左右。因为帕克斯望远镜的口径要小一些，所以探测极限也相应亮一些，大致在 40 毫央斯基以上。这个巡天和 GB 巡天一起实现了 5 吉赫兹波段对全天的覆盖。

20 世纪 70 年代，天文学家们在建造大型全动望远镜的过程中逐渐意识到，现有的全动望远镜已经接近工程技术的极限，于是科学家们不再追求更大口径的全动望远镜，转而发展用多架小型全动望远镜组合实现大口径观测的新技术。

我国在改革开放后开始研制的第一架射电望远镜就是这种类型。1985 年，北京天文台在北京郊区的密云水库旁完成了一个 28 面 9 米口径望远镜组成的综合孔径射电阵（Miyun 232 MHz Synthesis Radio Telescope），并用它开展了巡天观测。研究组在1997年发表了包含34 462个射电源的星表《232兆赫兹巡天》（编号VIII/44），这是我国第一个也是目前唯一的射电星表。可与同时期151.5兆赫兹波段的剑桥6C星表（1985—1993，编号VIII/18，21，22，23，24，25），美国得克萨斯大学射电天文台的《365兆赫兹巡天》（编号VIII/42）相互参照。

1981年，美国射电天文台在新墨西哥州建成了由27台25米口径的全动望远镜组成的甚大阵（Very Large Array, VLA），每个单元重达230吨，可以沿着Y形的轨道移动，最大基线为36千米，在43吉赫兹上的角分辨率好于0.04角秒。在很长一段时间里这都是世界上最大的射电望远镜阵列。VLA在20世纪

VLA

90 年代同时启动了两项重要的 1.4 吉赫兹巡天：一个是射电天文台甚大阵巡天（NRAO VLA Sky Survey，NVSS）；另一个是更高精度的小范围巡天——射电暗源巡天（Faint Images of the Radio Sky at Twenty centimeters，FIRST）。

主导 NVSS 的天文学家康登（J. J. Condon）是美国射电天文台资深的射电专家。他在 1985—1986 年就曾使用 300 英尺望远镜在 1.4 吉赫兹进行了巡天（编号 VIII/6）。VLA 为他提供了理想的工具。NVSS 在 1993 年到 1996 年观测了赤纬 −40° 以北的全部天空，是迄今为止完备度最高的射电单一巡天，探测到了数百万亮于 2.5 毫央斯基的射电源，角分辨率为 45 角分（编号 VIII/65）。

与追求天区覆盖率的 NVSS 不同，FIRST 项目的目标是产生与光学波段著名的帕洛玛巡天图片质量相当的高分辨率射电图像，因此他们的观测时间要长

得多。第一期的观测从 1993 年一直持续到 2004 年，在 2009 年到 2011 年还进行了对南天的补充观测。它的点源探测极限为 1 毫央斯基，角分辨率达到 5 角秒，是目前质量最高的射电巡天数据。不过它的天区覆盖范围只有南北银极附近的 1 万平方度，是 NVSS 的三分之一。就在 2015 年，FIRST 项目组终于发表了最后一版包含近 100 万个射电源的星表（编号 VIII/92），为这个历时二十多年的宏大项目画上了一个圆满的句号。

但是，一个频段上的数据并不足以揭示天体的奥秘。在大西洋的另一侧，荷兰天文学家在 1991 年利用他们 11 面口径 25 米天线组成的韦斯特博克综合孔径射电望远镜（Westerbork Synthesis Radio Telescope，WSRT）在 330 兆赫兹波段对北银极附近天区进行巡天，以与该天区 1.5 吉赫兹的 VLA 数据、151 兆赫兹的剑桥 7C 巡天数据、“伦琴”卫星的 X 射线波段数据，以及红外天文卫星（IRAS）红外巡天数据进行交叉比对。后来这个项目扩展到整个北天，覆盖了赤纬 +30° 以北的全部天区，变成《韦斯特博克北天巡天》（*Westerbork Northern Sky Survey*，WENSS，编号 VIII/62），包含 20 多万个射电源，极限流量为 18 毫央斯基。

悉尼大学的莫隆格勒十字干涉阵在 1978 年升级为莫隆格勒综合孔径望远镜（Molonglo Observatory Synthesis Telescope，MOST），在 1997 年又再次升级为宽视场望远镜。从 1999 年到 2007 年开始执行悉尼大学莫隆格勒巡天（Sydney University Molonglo Sky Survey，SUMSS)，它在 843 兆赫兹上对赤纬 −30° 以南的天区进行观测，在 6 毫央斯基的探测极限上找到 20 多万个射电源（编号 VIII/81B），角分辨率高于 10 角秒，结合 NVSS 数据实现对全天的覆盖。

美国的 VLA 也不仅仅工作在 1.4 吉赫兹上，1998 年安装的新式 74 兆赫兹探测器克服了早期低频接收机噪声高、定位能力差的缺点。这个探测器在 2001 年到 2007 年对赤纬 −30° 以北的天区开展系统观测，称为《VLA 低频巡天》（*VLA Low-frequency Sky Survey*，VLSS，编号 VIII/79A），发现了近 7 万个亮于 0.7 央斯基的点源，角分辨率为 80 角分。

这样的项目还可以罗列很多，每个项目都是研究团队多年的努力和积累，凝聚了研究生的梦想、工程师的骄傲、科学家的抱负。当最初的构想变成最终的成果时，风华少年已两鬓斑白……然而我们总是需要积累更多波段、更高灵敏度的数据来认识这些遥远的天体。我国的 500 米口径球面射电望远镜——FAST 已于 2016 年落成，并取得一系列举世瞩目的天文发现。国际合作的平方千米阵列（Square Kilometre Array, SKA）作为前所未有的巨型射电望远镜阵也在筹划当中…… 我们对宇宙的认识没有尽头，对它的探索也不会停止。

FAST

▬ 天炉星系团

第十二章

星表库

讲星表，就不能不提到法国斯特拉斯堡天文数据中心（Strasbourg Astronomical Data Center），这个始建于1972年的数据中心汇集了有文献记载的近万个星表，提供了详尽的查询方式，是世界上第一个汇总天文星表数据的数据中心，因此成为天文学家们获取和交换数据的首选。但它的身世却少有人知……

斯特拉斯堡是坐落在莱茵河畔的一个历史名城。由于地处法德两国边界，在战事爆发时是双方攻守的焦点，战争结束后又成为谈判的筹码，这让它有了复杂的身世和文化氛围。1871年普法战争结束，法国战败，阿尔萨斯地区被俾斯麦并入德意志帝国，并由皇帝直接管理。新政府在这里建立了一所大学，天文台作为配套设施也在规划之中。德国天文学会（Astronomische Gesellschaft）秘书弗里德里希·斯特鲁维（最早的视差测定者之一）的孙女婿温内克（Friedrich August Theodor Winnecke，1835—1897）应邀从普尔科沃天文台回国担任第一任台长，负责筹备建造等事宜。

不久后，一个设备齐全、环境优美的天

文台成为这座古老城市的新景观。但是好景不长，1914 年第一次世界大战爆发，斯特拉斯堡又一次暴露在炮火之中，所有的观测计划都被迫中止，天文台也被征用，成为战时医院。第一次世界大战结束后，德意志第一帝国解体，斯特拉斯堡重新进入法国的版图。来自波尔多大学天文台（Bordeaux University Observatory）的埃斯克朗贡（Ernest Esclangon，1876—1954）成为斯特拉斯堡天文台的第一任法国台长，他在授时方面的杰出工作使他在 1930 年升任巴黎天文台台长，斯特拉斯堡天文台则由丹戎（André Danjon，1890—1967）接管。第二次世界大战爆发后，德国人从比利时绕过马其诺防线，法国迅速沦陷，斯特拉斯堡又回到德国治下，德国天文学家也试图恢复天文台的部分功能，但是迅速变幻的战局让他们未能如愿。战争结束后，埃斯克朗贡已经到了退休年龄，丹戎接替他成为巴黎天文台台长，来自法国图卢兹的拉克鲁特（Pierre Lacroute，1906—1993）被任命为斯特拉斯堡天文台的新负责人，身世坎坷的斯特拉斯堡

斯特拉斯堡

天文台终于迎来了一段稳定发展时期。拉克鲁特原本在光谱分析领域工作，在来到斯特拉斯堡之后，转而发展更适合天文台的天体测量技术。但他很快发现由于大气的局限，仪器的性能根本无从发挥。20 世纪 60 年代前后，苏联一系列卫星的升空让他看到了新的希望。他果断提出了空间观测的设想，但由于技术超前、耗资巨大，迟迟未获批准。在他不懈的推动下，有越来越多的欧洲天文学家认同了空间观测的意义，卫星的发射只是时间问题，前期准备工作也逐步展开。

巴黎天文台台长德莱（Jean Delhaye，1921—2001）意识到星表数据的重要性，决定建立欧洲的星表中心。1972 年，法国国家天文地理协会（French Institut National d'Astronomie et de Geophysique，INAG）在斯特拉斯堡天文台成立了恒星数据中心（Centre de Données Stellaires，即 Center for Stellar Data，CDS），由德莱研究星表交叉认证的学生让·容（Jean Jung）负责。当时英特尔公司刚刚发布最新的 8 位处理器 8008，主频不到 1 兆赫兹，IBM 公司的现代硬盘设计（Winchester）还未产品化，文字识别技术（OCR）也刚刚起步——要在这样的条件下将卷帙浩繁的星表资料数字化，难度可想而知。更何况他们的资料室中只有已出版的 AGK2 星表，其他的那些星表还都散布在各国天文台、研究所和图书馆的角落中。那时全世界唯一的数字化资料就是美国刚刚编好的 SAO 星表磁带。他们的工作就在此基础上展开了。让·容完成了《恒星证认表》（*Catalog of Stellar Identification*，CSI），这是一个包括《史密松森星表》（SAO）、《亨利·德雷珀星表》（HD）、《好望角照相星表》（CPC）、《德国天文学会星表》（AGK2/3）、《耶鲁分区星表》等诸多重量级星表在内的交叉证认表，也是日后 SIMBAD 系统的原型。不过让·容离开了天文界。接替他的是来自阿根廷拉普拉塔天文台的雅舍克（Carlos Jaschek，1926—1999），他的父母在 1937 年因为纳粹而移民阿根廷，而他又因为阿根廷动荡的政局在 1973 年回到欧洲。雅舍克在天文界广泛的合作关系为这个新兴机构注入了活力，他的天文学家妻子也为人手短缺的数据中心提供了不小的帮助。随着星表库的不断扩充，收录的数据不再局限于恒星，数据中心的名称也相应更改为斯特拉斯堡天文数据中心。

到 2023 年为止，斯特拉斯堡天文数据中心的星表库已经收录了 23 602 个星表，共分为 10 大类，用罗马数字编号，分别是：

I. 天体测量星表（Astrometric Data）：主要记录恒星的位置、坐标、自行、视差数据，包括 285 个星表。《德国天文学会星表》第三版（AGK3，编号 I/61B），《波恩星表》（BD，编号 I/122），《耶鲁分区星表》（编号 I/141），《依巴谷星表》（编号 I/239），《第谷 2 星表》（Tycho-2，编号 I/259），《基本星表》第六版（FK6，编号 I/264），《哈勃导星星表》（GSC，v2.3，编号 I/305），《美国海军星表》（UCAC3，编号 I/315）等著名星表都在此目录下。

II. 测光星表（Photometric Data）：记录天体各波段星等、测光数据等，包括 307 个星表。有《变星总表》（编号 II/139B），《斯隆巡天测光数据》（SDSS-DR7，编号 II/294）。我国兴隆观测站施密特望远镜的《大视场多色巡天》（BATC，编号 II/262）也在其中。

III. 光谱星表（Spectroscopic Data）：记录天体光谱观测数据，有 241 个星表，比如最早的光谱星表——《德雷珀光谱星表》及补编（编号 III/135A），《斯隆巡天光谱数据》（SDSS-DR6，编号 III/255）。

IV. 交叉证认星表（Cross-Identifications）：包含 29 个星表，主要提供不同大型星表（比如 SAO、HD、GC、DM）之间的编号对照。

V. 汇编星表（Combined Data）：基于文献和现有观测结果重新汇编导出的星表。比如根据耶鲁天文台巡天结果编制的《耶鲁亮星星表》（YBS，编号 V/25），由斯特拉斯堡天文台编制的《银河系行星状星云表》（编号 V/100）。古希腊天文学家托勒玫的《天文学大成》（*Almagest*）中的星表也收录在此（编号 V/61）。

VI. 其他星表（Miscellaneous）：不适合其他任何目录的星表就放在这里，有 125 个。有《星座边界数据》（编号 VI/49）、《元素谱线列表》（编号 VI/69）、《第二期帕洛玛巡天》（编号 VI/114），等等。

VII. 非恒星星表（Non-stellar Objects）： 含有 231 个星表，星云、星团、星系、星系团都可以在这里找到，也包括类星体、小行星等天体。比如著名的《星云星团新总表》（1973 年版本编号 VII/1B，2000 年版本编号 VII/118），《艾贝尔 - 茨威基星系团表》（1973 年版本编号 VII/4A，1989 年版本编号 VII/110A）。

VIII. 射电和红外星表（Radio and Far-IR Data）： 射电和红外波段的观测，98 个星表，包括剑桥大学的《第三版剑桥射电巡天星表》（编号 VIII/1A），北京天文台密云观测站的《232 兆赫兹巡天》（编号 VIII/44）。

IX. 高能星表（High-Energy Data）： 主要是 X 射线和伽马射线波段的观测，因为领域起步较晚，星表也最少，只有 40 个，涵盖了乌呼鲁卫星、爱因斯坦天文台、"伦琴"卫星的数据。

X. J 期刊星表： 从 1993 年开始，星表库也开始收录来自期刊文献的天体数据表，归入目录 J 下，然后按期刊缩写卷号期数复分，这已经成为星表库内容的主要来源。

如果数据库对已收录的星表进行了格式上的改动或补充，会在原有目录后增加大写字母来区分，就像《星云星团新总表》和《第三版剑桥射电巡天星表》那样；如果原作者发布了新版，就作为新的星表加入。不过这主要是针对已发表的经典星表而言。如果要向星表库提交资料，需要将星表数据转换成指定的文本格式，撰写说明文档，介绍星表特点，解释数据意义。星表被正式收录后，会被同步到美国、加拿大、日本、印度、中国等地的数据中心。

20 世纪 80 年代互联网出现后，星表库建立了一个交互查询系统用于检索 CSI 的数据，称作天文数据证认测量和记录系统（Set of Identifiers, Measurements and Bibliography for Astronomical Data，SIMBAD，同时也是《一千零一夜》中阿拉伯著名航海家辛巴达的名字）。星表库在 1990 年用 C 语言重写了全部代码，将平台移植到了 Unix 上。到了 20 世纪 90 年代末，基于恒星位置和交叉证认设计的 SIMBAD 已经无法满足日益复杂的查询要求，恒星数据中心

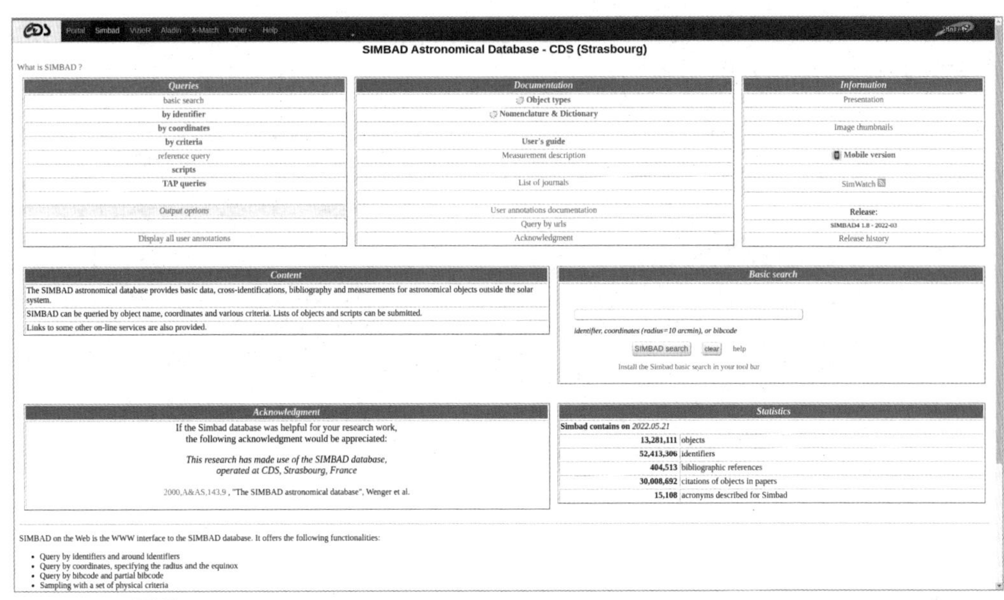

SIMBAD 页面

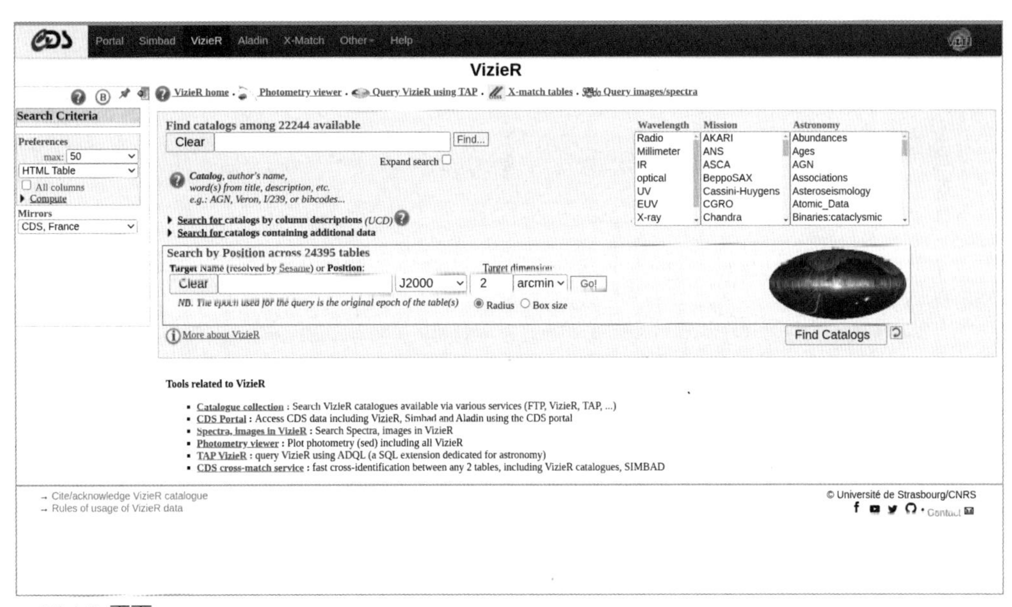

VizieR 页面

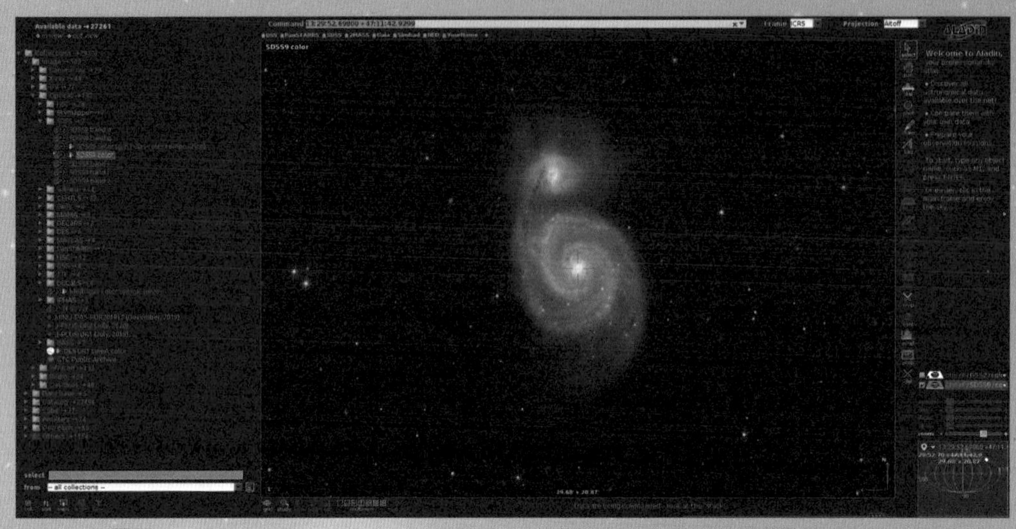

Aladin 界面

又开发了更灵活强大的线上查询系统 VizieR，这是阿拉伯世界宰相的名称。也许开发者希望新系统就像阿拉伯宰相一样，全权处理所有星表数据。随着天文数据的迅速增长，数字巡天（DSS）、斯隆巡天（SDSS）等各类专用数据库也日渐完善，要将所有数据集中到一起已经不再现实。为了整合各个数据库的资源，1999 年，又推出了跨平台的 Java 程序 Aladin，让无所不能的“神灯”来汇总所需的星表和星图……

星表库建立以来，完成了众多重要历史星表的数字化工作，我们也得以接过前人的火把继续前行。传统星表已经同专业文献、观测记录、原始照片之间建立了丰富的交叉链接和引用关系。当历代的知识重叠在一起，人类的经验便不再彼此孤立。只要知道一颗星的名字，就可以标定它的方位，看它在帕洛玛底片中的星芒，在哈勃望远镜中的颜色，根据光谱判断距离，划分星族，确认年龄，揣摩它自原始星云中诞生的历史；由一个星系的编号，就能穷尽红外、紫外、可见光、X 波段，欣赏她旋转的姿态，暗晕的辉光，感受黑洞的脉搏，看氤氲的尘埃如何孕育星体，看暮年的恒星如何结束生命……光子是尽职的信使，越过亿万年的时光，到达银河边缘这个小小的星球，告诉我们自宇宙创生以来的故事。如何从中领悟宇宙运行的规律，追寻自身存在的意义，这是我们永远的挑战。

天炉星系团

附录一　图片署名列表

页码	图名	署名
X—XI 页		riedrich Wilhelm Herschel
4 页	“犁星”泥板	British Museum
16 页	第谷超新星 X 射线照片	X-ray_ NASA CXC RIKEN & GSFC T. Sato et al.; Optical_ DSS
33 页	三角视差示意图	PdeQuant
33 页	光行差示意图	TimothyRias
42 页	英国皇家天文学会金质奖章	Coatsobservatory
44 页	仙女星系（M31/NGC 224）	Brucewaters
45 页	罗伯特四重奏星系（NGC 87、NGC 88、NGC 89、NGC 92）	ESO
51 页	半人马座 α 星	ESO DSS 2
53 页	天琴座	IAU and Sky & Telescope magazine
53 页	量日仪目镜	Wrongfilter
56—57 页	赫尔辛基天文台	Eteil
63 页	《好望角照相星表》天区覆盖	Gill, D. & Kapteyn, J. C.
75 页	皮克林和他的计算员合影	Harvard University Archives
80—81 页	100 英寸胡克望远镜	AIP Emilio Segrè Visual Archives
83 页	柏林天文台 24 厘米折射望远镜	德意志博物馆（Deutsches Museum）
84 页	洛厄尔天文台 24 英寸折射望远镜	Little field Emery
85 页	利克天文台 36 英寸望远镜	Myyorgda
88 页	100 英寸胡克望远镜	Tracie Hall
90 页	200 英寸海尔望远镜	Mt. Wilson-Palomar Observatories photo, courtesy of AIP Emilio Segrè Visual Archives, Physics Today Collection
90 页	1948 年海尔望远镜落成典礼	Los Angeles Times Rights and Permissions
91 页	海尔望远镜拍摄的 M51	Mount Wilson and Palomar Observatories, courtesy of AIP Emilio Segrè Visual Archives

页码	图名	署名
92 页	哈勃用 48 英寸施密特望远镜观测	ale Observatories, courtesy AIP Emilio Segrè Visual Archives
97 页	沙普利	Armagh Observatory
97 页	柯蒂斯	Rockefeller University
99 页	简化的哈勃序列图	Ikonact
100 页	德沃古勒夫妇	AIP Emilio Segrè Visual Archives
107 页	马头星云（Barnard 33，暗星云）	Ken Crawford
109 页	球状星团 M80	The Hubble Heritage Team
112 页	哈勃空间望远镜拍摄的星系团 Abell 1689	NASA, ESA, the Hubble Heritage Team (STScI_AURA), J. Blakeslee (NRC Herzberg Astrophysics Program, Dominion Astrophysical Observatory), and H. Ford (JHU)
114 页	X 射线望远镜光路	Andreas 9384
130—131 页	盖娅卫星拍摄的银河系全景	ESA Gaia DPAC
135 页	依巴谷卫星	ESA
137 页	日 - 地系统的第二拉格朗日点	ESA
138 页	盖娅卫星	ESA ATG medialab; 背景：ESO S. Brunier
138—139 页	盖娅卫星拍摄的银河系全景	ESA Gaia DPAC
140—141 页	帕克斯射电望远镜	division, CSIRO
144 页	雷伯建造的射电望远镜	NRAO AUI NSF
146 页	玛拉德射电天文台	Cmglee
148 页	洛弗尔射电望远镜	Mike Peel; Jodrell Bank Centre for Astrophysics, University of Manchester
149 页	帕克斯射电望远镜	CSIRO
149 页	阿雷西沃射电望远镜	Mariordo
150 页	300 英尺望远镜	Richard Porcas

页 码	图 名	署 名
151 页	绿岸望远镜	NRAO_AUI_NSF
156—157 页	天炉星系团	ESO
159 页	斯特拉斯堡	Jonathan Martz
165 页	天炉星系团	ESO

附录二　编辑及分工

书　名	加工内容	编辑审读	专家审读
向月球南极进军	统　　稿：刘晓庆	陆彩云　徐家春　刘晓庆 李　婧　张　珑　彭喜英 赵蔚然	黄　洋
火星取样返回	统　　稿：徐家春	徐家春　吴　烁　顾冰峰 张　珑　曹婧文　赵蔚然	王　聪
载人登陆火星	统　　稿：徐家春	徐家春　李　婧　顾冰峰 张　珑　徐　凡　赵蔚然	贾　睿
探秘天宫课堂	统　　稿：徐家春 插图设计：徐家春 赵蔚然	徐家春　曹婧文　彭喜英 张　珑　徐　凡　赵蔚然	黄　洋
跟着羲和号去逐日	统　　稿：徐家春 插图设计：徐家春 赵蔚然	徐家春　许　波　刘晓庆 张　珑　曹婧文　赵蔚然	王　聪
恒星世界	统　　稿：赵蔚然	徐家春　徐　凡　高　源 张　珑　彭喜英　赵蔚然	贾贵山
东有启明 ——中国古代天文学家	统　　稿：徐家春 插图设计：赵蔚然 徐家春	田　姝　徐家春　顾冰峰 张　珑　高　源　赵蔚然	李　亮
群星族谱 ——星表的历史	统　　稿：徐家春	徐家春　曹婧文　彭喜英 张　珑　高　源　赵蔚然	李　良 李　亮
宇宙明珠 ——星系团	统　　稿：徐家春	徐家春　彭喜英　曹婧文 张　珑　徐　凡　赵蔚然	李　良 贾贵山
跟着郭守敬望远镜 探索宇宙	统　　稿：徐家春	徐家春　高　源　徐　凡 张　珑　许　波　赵蔚然	黄　洋
航天梦·中国梦 （挂图）	统　　稿：赵蔚然 版式设计：赵蔚然	徐　凡　彭喜英　张　珑 高　源　赵蔚然	李　良 郑建川